Andreas Weingand

Wir rüsten auf mit einer Lithiumbatterie

Alles zu Funktion, Konzeption, Auswahl und Selbstbau
2. Auflage

Aus der Reihe „rund ums Wohnmobil“

Informationen zu Elektrik, Grundrisse, Feuchtemessung, aktuelles für Wohnmobilfahrer, Tourenvorschläge, praktische Tipps zu Einbauten und Verbesserungen, und noch einige andere Themen mehr finden Sie auf meiner Homepage: http://www.WoMo-beratung.de/index.html Mit Hilfe dieses QR-Codes und Ihrem Smartphone gelangen Sie direkt dort hin.

Autor: A. Weingand
Lektorat G. Weingand, T. Arnold, P. Daniell, M. Bauer
Cover: A. Weingand
Bildmaterial A. Weingand, L. Eilzer, Hr. Hahnemann, T. Arnold, Mountainbiker, nobizi, M.fschuen, Webseiten d. Hersteller
Stand: 11.1.2024
Version Vers. 2, Druck

Herstellung und Verlag: BoD – Books on Demand, Norderstedt
Print Ausgabe: ISBN: 9783755779803
E-Book Ausgabe: ISBN: 9783755772224

Im Original sind das Inhaltsverzeichnis sowie die blauen bzw. unterstrichenen Begriffe verlinkt. Diese Hyperlinks werden von vielen E-Book Readern, aber leider nicht von allen, unterstützt. Die Verlinkungen bzw. Webadressen sind keine Werbung sondern führen Sie zu weiteren Informationen.

Vorwort

Ich möchte mich zuerst einmal bei Ihnen für den Erwerb dieses Buches bedanken. Und gleich auch zum versprochenen Thema übergehen.

In einem Wohnmobilforum wurde vor mehr als zehn Jahren ein Lithium Batteriesystem als Ersatz für die schweren Bleibatterien vorgestellt und damit den speicherhungrigen Wohnmobilfahrern näher gebracht. Viele Wohnmobilfahrer folgten diesen Gedanken und Vorschlägen.

Die Vorteile sind bestechend: 50% Gewichtsersparnis bei doppelter Nettokapazität und höherer Entnahmestrom ohne Spannungseinbrüche. Der geeignete Batteriespeicher um Kaffeemaschine, Fön, Induktionsherd besser zu versorgen und vielleicht auch noch die Pedelec-Akkus zu laden.

In der ersten Generation waren es selbstgebaute Systeme mit den gelben Winston Zellen in einer Holzkiste, Balancermodule auf den Polen und ein Solid state Relay für einen UVP/OVP Schutz.

Damit sammelte man Erfahrungen und mit der zweiten Generation zog der Markt mit sogenannten „Drop in Ersatz für Bleiakku“ nach die man, zumindest laut Werbung, 1:1 gegen die alte Bleibatterie tauschen kann. In der dritten Generation kamen dann die blauen Becherzellen und Smart BMS mit integriertem Batteriecomputer und Smartphone App zum Einsatz. Aber sowohl für den Eigenbau als auch für die „Drop in“ Systeme sollte man einige Dinge wissen.

In diesem Kompendium für Lithiumbatterien in Wohnmobilen möchte ich Ihnen diese Technologie und Aufrüstung mit all ihren Vor- und Nachteilen erklären und Sie damit vielleicht auch zum Selbstbau oder Austausch ihrer Bleibatterie anregen.

Wenn Ihnen die Chemie zu viel ist starten Sie Ihre Informationsreise einfach ab dem Kapitel „Konzeption und Auswahl“.

Viel Spaß beim Lesen.
Andreas Weingand

Inhaltsverzeichnis

Grundlagen der Lithiumtechnologie

Ich möchte Ihnen zuerst einmal die Lithiumbatterie sowie ihre Technologie und Funktion erklären. Sollten Ihnen einige Begriffe oder Abkürzungen nicht geläufig sein, finden Sie am Ende des Buches einen Anhang „Glossar" mit Erläuterungen.

Vereinfacht gesagt ist ein Akkumulator (landläufig Batterie), ein System, das Strom durch eine elektrochemische Umwandlung speichert und bei Entladung wieder abgibt. Batterien bestehen aus einer oder mehreren Zellen, die in Serie oder parallel (oder einer Kombination von beidem) verschaltet werden. Sie werden zuerst geladen, um dann angeschlossene Verbraucher mit Spannung und Strom zu versorgen. Diese vereinfachte Beschreibung trifft auf Blei- und Lithium-Batterien gleichermaßen zu.

Und jetzt zuerst einmal eine Begriffsdefinition:

Lithium-Ionen-Batterie ist ein Oberbegriff für verschiedene Lithiumbatterien! Er umfasst alle Batterien in denen Lithium-Ionen als Ladungsträger dienen. Hier mal eine Liste der verschiedenen Lithium-Metalloxyd-Zusammensetzungen und deren Leistungsdichte:

- Li-Titanat (LTO), 2,4V, Energiedichte w bis 90 Wh/kg
- Li-Manganoxid (LMO), 3,8V, E.Dichte bis 120 Wh/kg
- **Li-Eisen-Phosphat (LFP), bzw. Li-Eisen-Yttrium-Phosphat (LFYP), 3.3V, E.Dichte bis 120 Wh/kg** (4 Zellen = 13,2V).
- Li-Kobaltoxid (LCO), als Lithium Polymer (LiPoly) oder Pouch Cell bekannt, 3,6V, E.Dichte bis 180 Wh/kg,
- Li-Nickel-Mangan-Kobaltoxid (LNMC), 3,7V,
  E.Dichte bis 210 Wh/kg
- Li-Nickel-Cobalt-Alu-Oxid (LNCA) 3,7V, w bis 250 Wh/kg
- Li-Schwefel (LS), 2,2V, E.Dichte bis 350 Wh/kg.

Chemische Zusammensetzung	Spezifische Energie	Spezifische Leistung	Sicherheit*	Leistungsfähigkeit	Lebensdauer	Kosten
LiCoO2 (LCO)	Sehr hoch	Mittel	Mittel	Hoch	Mittel	Mittel
LiMn2O4 (LMO)	Hoch	Hoch	Hoch	Mittel	Mittel	Mittel
LiNiMnCoO2 (NMC)	Sehr hoch	Hoch	Hoch	Hoch	Hoch	Mittel
LiFePO4 (LFP)	Mittel	Sehr hoch	Sehr hoch	Hoch	Sehr hoch	Mittel
LiNiCoAlO2 (NCA)	Sehr hoch	Hoch	Mittel	Hoch	Hoch	Hoch
Li4Ti5O12 (LTO)	Mittel	Hoch	Sehr hoch	Sehr hoch	Sehr hoch	Sehr hoch

Quelle: White Paper 231, Schneider Elektrik

Wie Sie der Tabelle der Batterietypen entnehmen können, sagt die Zellspannung alleine nichts über die jeweilige Speicherkapazität aus. Der optimale Verwendungszweck setzt sich immer aus mehreren Eigenschaften zusammen.
Die Kombination der Metalle und Oxyde für Anode und Kathode bestimmt die Eigenschaften der Batterie wie z.B. Energiedichte, Zellspannung, Kaltladetemperatur und Entladestrom.
Auch bei der Lithiumbatterie wird, wie bei der Bleibatterie, beim Laden bzw. Entladen durch einen Ionenaustausch die Ladung der beiden Elektroden verändert und damit eine galvanische Spannung zwischen den beiden unterschiedlichen Elektroden auf- bzw. abgebaut.
Jede Li-Batteriezelle enthält also zwei Elektroden, die umgeben sind von einem Elektrolyt. Der Elektrolyt ist das Medium in dem Li-Ionen von einer Elektrode zur anderen wandern. Die Minus-Elektrode besteht aus Kupfer mit einer Graphitbeschichtung, die Plus-Elektrode ist aus Aluminium und mit einer Lithium- / Metalloxid Mischung beschichtet. Beide Elektroden sind durch einen Separator getrennt, damit kein Kurzschluss entstehen kann.
Der Elektrolyt basiert bei einer $LiFePO_4$ Zelle auf einem giftigen Lithium Salz, gelöst in einer organischen Lösung. Durch diese Kombinationen ist auch die Zellspannung unterschiedlich. Eine LFP/LFYP Zelle bringt z.B. ca. 3,3V Nennspannung. Sie eignet sich damit sehr gut als zyklische 12V Versorgerbatterie im Wohnmobil. Außerdem gibt es bei dieser Kombination kein „thermische Durchgehen“ und mit Yttrium dotiert wird die Zelle weniger empfindlich gegen Minustemperaturen. **Im Folgenden sind immer $LiFePO_4$ bzw. LFP Zellen gemeint, wenn von Li-Batterien die Rede ist.**

Bei der **Ladung** fließen die Li-Ionen durch die angelegte Spannung von der Plus-Elektrode durch den Elektrolyten zur Minus-Elektrode ab und lagern sich dort im Graphit ein. Diese elektrogalvanische Reaktion erzeugt im geladenen Zustand Spannung zwischen den Elektroden, da sich Elektronen an der negativen Elektrode gesammelt haben.
Durch den Anschluss einer Last an die Batterieklemmen setzt dann eine **Entladung** ein. Dann fließen die an der negativen Elektrode angesammelten Elektronen durch den Verbraucher und dann zur positiven Elektrode ab. Sind an der negativen Elektrode keine Elektronen mehr vorhanden, ist die Batterie entladen.

Ein weiteres Unterscheidungsmerkmal ist, ob der Elektrolyt in flüssigem, pastenförmigem oder festem Zustand eingesetzt wird. Der Elektrolyt ist, je nach Typ, giftig, brennbar und kann sich ausdehnen. Batterien mit flüssigem Elektrolyt (z.B. Winston) haben deshalb oben ein Überdruckventil. Die Folienpacks müssen vom Elektrolyt durchdrungen sein. Allerdings entstehen Laden mikrokleine Gasbläschen welche die Kontaktfläche unterbrechen. Diese Gasbläschen müssen durch Anpressdruck im Gehäuse und Einbaulage der Zellen (Schwerkraft) aus dem Folienpack entweichen können. Bei Li-Polymer-Akkus, kurz LiPoly genannt, ist der Elektrolyt in eine feste Polymer-Elektrolyt-Membran (PEM) eingebettet.
Der Li Anteil bei einer 100Ah LFP Batterie mit ca. 11 Kg beträgt ca. 25gr. Weitere Anteile sind Eisenoxyd, Grafit, Kupfer und Aluminium.

Wenn man die **Energiedichte w** von Batterien mit anderen Energieträgern vergleicht, sieht man die generellen Probleme einer Energiespeicherung in Batterien. Der Energiegehalt von Diesel und LPG ist pro Kilogramm Gewicht hundert Mal, der von Wasserstoff sogar knapp dreihundert Mal höher, als der einer LFP Lithiumbatterie.

- Bleibatterie Pb bis 50 Wh/kg
- **Lithium-Eisen-Phosphat (LFP) bis 120 Wh/kg**
- Diesel 12.000 Wh/kg
- LPG (Butan, Propan) 13.000 Wh/kg
- Wasserstoff 33.000 Wh/kg

Diese gravierenden Unterschiede zeigen auf, wo das Energiespeicherproblem für Herd, Heizung und Kühlung liegen. Wir können die Energien von Diesel oder Propan schnell und direkt durch Verbrennung freisetzen, aber wir können diese Energie nicht in der gleichen Zeitdauer und Dichte in einer Batterie speichern! Allerdings sind Lithium Batterien darin wesentlich effektiver als herkömmliche Bleibatterien.
Abgesehen von der chemischen Zusammensetzung gibt es noch die unterschiedlichen Gehäuseformen (v.l. Winston Zelle, Can-Flachgehäuse, zylindrische Gehäuse in verschiedenen Größen (14250/16650/18650/21700/26650/32700/38140 und Pouch Flach-gehäuse (siehe auch Abbildung).

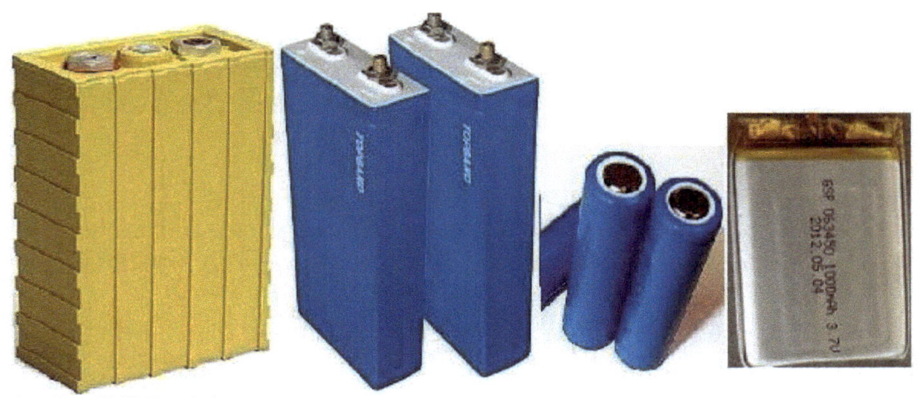

Quelle: EVE Produkt

Die Li-Zellen von CATL und GAIA (Envites Energy) können aus Deutschland kommen, Zellen von BYD, Calb, EVE, Lishen, Hunan CTS, LG Chem, Samsung, Tipsun und Winston Thunder Sky, werden in Fernost produziert.
Die erreichte Fertigungsqualität (Klasse/Grade A, B oder C Ware) in Bezug auf Elektrolytdurchdringung, Innenwiderstand, Kapazität und nicht zuletzt die Ladefähigkeit bei Frosttemperaturen bestimmen dann den Preis.

Barcode auf Li Zellen

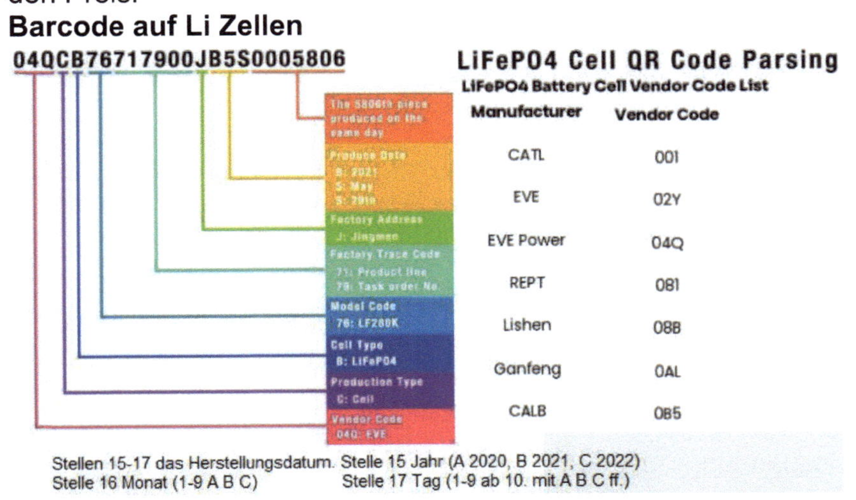

LiFePO4 Battery Cell Vendor Code List

Manufacturer	Vendor Code
CATL	001
EVE	02Y
EVE Power	04Q
REPT	081
Lishen	08B
Ganfeng	0AL
CALB	0B5

Stellen 15-17 das Herstellungsdatum. Stelle 15 Jahr (A 2020, B 2021, C 2022)
Stelle 16 Monat (1-9 A B C) Stelle 17 Tag (1-9 ab 10. mit A B C ff.)

Das war es auch schon mit den Grundlagen, kommen wir jetzt zu den, in der Praxis wichtigen, Auswirkungen. Ich habe alle folgenden Themen hauptsächlich aus der Sicht „Eignung für den Einsatz als Aufbauversorgung im Wohnmobil“ betrachtet.

Die gelbe **Winston-Thunderbird Zelle** ist robust und auch bei kalter Umgebung sicher einsetzbar. Temperatursicher bis zu -20°C werden diese durch eine Beimischung von **Yttrium** im Kathodenmaterial. Man spricht dann von einer **LFYP bzw. $LiFeYPO_4$ Zelle**
Die **blauen Becherzellen** sind mechanisch nicht so stabil und die Gewinde in den Polen sind doch recht klein.
Die **Rundzellen** sind mechanisch sehr stabil, allerdings ist das Balancing der vielen Zellen für manchen China Balancer ein Problem. Es geht mit Becherzellen einfacher und mit weniger Zeitaufwand.

Die beste Alltagseignung bei hoher Energiedichte und großer Sicherheit ergibt sich mit **LFP also /$LiFePO_4$ Batterien** auf Basis der Becherzellen. Eine LFP-Batterie besitzt einen hohen Lade-/ Entladestrom (C1 bis C3) bei einer wesentlich flacheren Spannungskurve als bei einer Bleibatterie. Ihr großer Vorteil ist dabei eine relativ konstante Spannung von 13V bei gleichzeitig hohen Strömen (Wechselrichterbetrieb) bis zur Tiefentladungsschwelle. Ein Nachteil ist aber leider ihre Temperaturempfindlichkeit. Bei der Ladung unter +10°C sollte die Ladung mit großen Strömen vermieden und im Frostbereich abgeregelt oder gestoppt werden.

Eine Winston Blockzelle oder eine prismatische Becherzelle liefert bis zu 300 Ah, die kleineren Rundzellen liegen bei ca. 1 bis 12Ah. Beide Akkubauformen haben pro Zelle eine Betriebsspannung zwischen 2,8 bis 3,3 V. Für eine 12V Batterie werden jeweils vier Block- oder Becherzellen in Reihe geschaltet (4S) und ergeben dann ca. 11 bis 14V.
Bei den kleineren Rundzellen werden Stränge aus z.B. je 18 parallel geschalteten Zellen gebildet, um die gewünschte Stromstärke zu erhalten Vier dieser Stränge in Serie ergeben dann 13,2V nominelle Batteriespannung

Bei einem, mit 30 parallel geschalteten, Rundzellenstrang bestückten Akku mit 100 Ah wären dies z.B. bei Liontron 120 Rundzellen (30P4S).
Aufgrund der vielen einzelnen Rundzellen müsste das Balancing und die UVP/OVP/ÜT Überwachung aber erheblich komplexer ausgelegt sein (Automotiv Anwendungen). Das Balancing bei den Consumer Li Akkupacks erfolgt aber nur strangweise. Die Löwensysteme mit JBD BMS und 50mA Balancer kämpfen mit dieser Problematik. Manche dieser vielen Rundzellen laufen auch nach einem Jahr Betrieb noch aus dem Ruder.
Die Erstladung sollte deshalb am besten mit einem Konstant-spannungslader erfolgen und bei ca.14,4 V liegen. Auf den verfügbaren Datenblättern wird für Winston Zellen ein Spannungsbereich von 2,8 bis 3,6 Volt pro Zelle, entsprechend einer 4 Zellen Anlage 11,2 V bis 14,4 V empfohlen.
Spezielle Ladephasen wie bei Blei Batterien sind bei LFP Batterien nicht notwendig, aber auch nicht schädlich. Die Ladeschlussspannung liegt bei 14,6 V, die Tiefentladungsschwelle (DoD) liegt bei ca. 90 bis 95% der Gesamtkapazität bzw. 11V. Die Selbstentladung liegt bei ca. 1-2% pro Monat.

Da Lithiumbatterien im Vergleich zu Bleibatterien sehr empfindlich auf Überspannung und Ladung bei tiefen Temperaturen reagieren, benötigen sie ein automatisch reagierendes **Batterie-Management-System,** kurz **BMS** genannt. Ein BMS besteht deshalb aus einem **Zell Balancing** pro Zelle und einem Überwachungssystem mit einer Abschalttechnik, das bei **Unterspannung (UVP)** und vor allem **Überspannung (OVP)** einer Zelle die Entladung/Ladung der Batterie abschaltet. Dazu kommt noch eine Gesamtüberwachung des Akkus auf **Temperatur, Gesamtspannung** und **maximalem Lade/Entladestrom.**

In den ganzen Diskussionen um Ladeschlussspannungen, OVP, UVP, Übertemperatur oder untere Ladetemperatur sollte man aber eines nicht vergessen. Diese Schutzschaltungen dienen als Notabschaltung und sollten im normalen Betrieb nicht vorkommen!

Am wohlsten fühlen sich LFP Akkus bei einer Betriebstemperatur zwischen +15 und +40°C. Arg empfindlich reagieren sie bei Temperaturen darüber oder darunter.
Deshalb benötigt man eine **Ladetemperaturüberwachung**, die bei Zellübertemperaturen >55°C abschaltet und bei Temperaturen unter +10°C den Ladestrom minimiert oder abschaltet.
Ein Grund ist, dass das im Elektrolyten enthaltene Ethylencarbonat bei Raumtemperatur eigentlich ein Feststoff mit einem Schmelzpunkt von 38 °C ist. Bei niedrigen Temperaturen sulzt der Elektrolyt aus und hat dann völlig andere elektrische Eigenschaften.
Der zweite Grund ist, dass bei Temperaturen unter +10°C und über 50°C und hohen Ladeströmen sich ein Teil der Lithiumionen nicht schnell genug in die Graphitschicht einlagert (Interkalation) sondern auf der Oberfläche verbleibt und eine Schicht aus metallischem Lithium bilden. Durch Ablagerung auf der offenporigen Graphitfläche stehen diese Ionen der Einlagerung, also Ladung, nicht mehr zur Verfügung und eine weitere Einlagerung an dieser Stelle wird durch diese Blockade verhindert. Diesen Vorgang, welcher nicht reversibel ist, nennt man "**Lithium-Plating**".
Hier eine sehr gute prosaische Erklärung als leicht gekürztes Zitat für ein doch trockenes Thema:
Alle hier wichtigen Prozesse laufen an der negativen Elektrode ab. Diese hat eine Schichtstruktur aus Grafit. In diese Schichten geht das Lithium beim Ladevorgang rein, wie Bienen in die Wabengasse. Bei Kälte werden die Bienen immer langsamer. Irgendwann so langsam, dass es einen Stau gibt, und eine Traube Bienen außen lagert. Bei der Li Batterie entsprechen die Bienen dem metallischem Lithium, das sich auf der Oberfläche bildet, statt in die Grafitschichten einzudringen. Dieser Prozess wird bei den Y-Zellen erleichtert durch „größere Fluglöcher".
Der Vergleich mit "Einfrieren" ist falsch, es gibt dafür keine feste Temperaturgrenze. Je kälter, desto langsamer die Bienen, aber ob es einen Stau gibt, hängt entscheidend mit davon ab, wie viele Bienen (oder Strom) pro Zeit ankommen. Mit sinkender Temperatur sinkt also auch der verträgliche Ladestrom über einen sehr breiten Bereich. Solange noch Kontakt zur Elektrode besteht ist das Plating reversibel - beim Entladen kehrt sich das also um. Das gilt allerdings nicht mehr, wenn sich Li-Partikel ablösen und keinen Kontakt mehr haben,

die sind weg. Der Effekt tritt übrigens beim Entladen genauso auf, allerdings führt das nicht zu potentiellen Schäden.
Zitat von M „fschuen“, Wohnmobil Forum

Das Plating hat also zwei negative Effekte zur Folge:
Das immobilisierte Li wird aus dem Elektrolyt nachgeliefert, damit steigt der Innenwiderstand;
Von Plating betroffene Areale sind nicht mehr frei zugänglich, damit erfolgt ein Kapazitäts- bzw. Leistungsverlust.

Hier eine Ladestromkurve in Abhängigkeit zur Zelltemperatur:

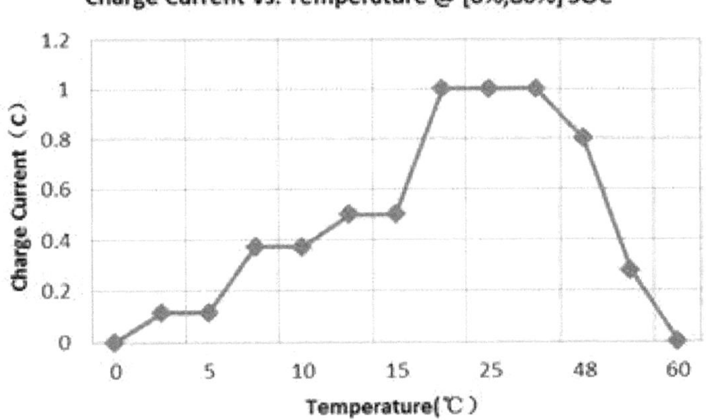

Quelle: CATL Battery

Ein Ladestrom von 1C (1C entspricht einem einstündigen Ladestrom in Höhe der Zellenkapazität) wird für LFP Zellen nur bis max. 80% SoC bei einer Temperatur zwischen 18 und 37°C empfohlen. Sind 80% Ladezustand erreicht, sollte nur noch mit 0,8C weitergeladen werden.
Dies entspricht dann einer CC/CV Ladung. Ähnliches gilt unterhalb von 18°C, wobei bei nur 2°C weniger, also bei 16°C, sogar nur noch 50%, also 0,5C Ladestrom zulässig sind.
Bei 5°C liegt der zulässige Ladestrom nur noch bei 0,1C und ab 0°C soll überhaupt nicht mehr geladen werden.
Die Ladung bei Frosttemperaturen ist also zumindest bei $LiFePO_4$ (ohne Y) problematisch für die Lebensdauer.

Innenwiderstand, Quellenspannung, Wirkungsgrad:
Batterien haben, wie alles Elektronische, einen **Innenwiderstand**. Es ist allerdings kein ohmscher Widerstand sondern eine nicht lineare Addition von Impedanz- und vielen anderen Wirkwiderständen wie z.B. Art des Elektrolyt, Plattenkapazität, Temperatur, Ladezustand sowie Batteriealter und liegt **bei einer 105 Ah Li-Zelle bei ca. 0,4 mΩ**. Zum Vergleich: Eine Gel Akku Zelle liegt bei einem Ri von ca. 2 mΩ und eine AGM Zelle bei ca. 2,5 mΩ (LCR/EIS AC-Messung). Der Ri eines Li Akkus ist also gesamt ca. 2 mΩ zuzüglich noch weiterer ohmschen Übergangswiderstände wie Zellverbinder, Polklemmung und der Kabelschuhcrimpung von geschätzt 5-10 mΩ, je nach Verarbeitungsqualität. Der Ri der Zelle erhöht sich mit zunehmendem Alter.
Dieser Innenwiderstand, an dem bei steigendem Strom auch eine steigende Spannung abfällt und die begrenzte Reaktionsgeschwindigkeit des elektrochemischen Prozesses, bestimmen den Strom und damit die Lade- /Entladezeit (C-Wert) einer Batterie.
Für die Ermittlung des Innenwiderstandes gibt es allerdings verschiedene Methoden. Bei Li-Ion-Zellen messen die Hersteller die Impedanz fast ausschließlich mit einer AC-Messung bei 1 kHz/100mA. Diese Messwerte sind aber deutlich niedriger und nicht mit der durch die ΔU / ΔI Methode (DC-Ri) bestimmten Werte vergleichbar. Eine Hobbyelektrikermethode ist die Messung mit einem sehr niederohmig messenden Multimeter. Diese Messungen sind jedoch kaum vergleichbar. Ein Vergleichstest gleicher Zellen zeigte auf, dass der AC-Ri Wert um ca. 50% niedriger liegt als das DC-Ri Messergebnis!

Aber Achtung: die dargestellten Werte sind die einer Zelle. Ein Li Batterie hat vier Zellen, eine Bleibatterie hat sechs Zellen. Die Werte müssen also addiert werden wenn man eine fertige 12V Batterie bestimmen möchte. Auch Werte aus dem Web muss man darauf anschauen ob es Zell- oder Gesamtwerte sind!

Bei der Ladung entsteht durch die Veränderung des Polmaterials und des Elektrolyten an den Elektroden eine Spannung, **Quellen- oder Leerlaufspannung**, früher auch **EMK** (elektromotorische Kraft) genannt. Diese Quellenspannung ist direkt abhängig von der Ladung SoC und ändert sich mit dieser. Mit jedem geladenem Coulomb (verständlicher: Ampere) steigt nun die Quellenspannung an, denn ein Akkumulator ist ja ein Sammler! (Siehe Batterieladung).
Beim Laden und Entladen gibt es natürlich durch die Energieumwandlung (Strom in Chemie und vice versa) Verluste und damit einen **Wirkungsgrad**, der bei Lithium Batterien so um ca. 95% liegt. Allerdings sollte man bei Lithiumbatteriesystemen noch den internen Verbrauch des Zellbalancing, der BMS Regelung und der Bluetooth Funkverbindung (je nach Art und Aufbau ca. 10-100mA) in die Betrachtung einbeziehen. In der Winterpause summiert sich das und wer die interne Elektronik abschalten kann ist hier im Vorteil!

Entladetiefe und Tiefentladungsgrenze einer Li-Batterie

Eine weitere wichtige Angabe ist die **Entladungstiefe** oder **DoD** (Depth of Discharge). Die Entladungstiefe beschreibt das Verhältnis der entnommenen Energiemenge zur Kapazität und setzt dies ins Verhältnis zur Lebensdauer (Anzahl Zyklen), also z.B. 2500 Zyklen bei 90% Entladungstiefe DoD.
Wie die Blei- hat auch die Lithiumbatterie eine **Tiefentladungs-grenze**, die bei der Entladung nicht unterschritten werden sollte, da sonst die Batterie geschädigt wird. Bei Lithium Batterien liegt sie bei **2,75V pro Zelle**, also 11V gesamt, SoC so ca. 10%.
Eine Tiefentladung auf einen SoC von 0% ist möglich, verringert aber, entgegen mancher Marketingaussagen, die Lebensdauer.

Welche Zyklenlebensdauer haben Lithium-Ionen-Batterien?

Bei Bleibatterien sind die wichtigsten Angaben der **C-Wert** und die **Anzahl der Zyklen**. Die Angabe C3 z.B. bedeutet, dass die Belastung mit dreifacher Stromstärke der Kapazität erfolgen kann. Bei Lithiumbatterien sind diese Werte aber aufgrund der fast gleichbleibenden Spannung bei der Stromentnahme und der großen Standfestigkeit relativ unwichtig. Der C-Wert liegt meist bei C2 bis C3.

Bei einer Kapazität von 100 Ah heißt das, dass man ihr kurzfristig 300A entnehmen kann. Diese Aussage bezieht sich aber auf die reinen Zellen, das integrierte BMS kann anders eingestellt sein.
Die Lebensdauer einer Batterie lässt sich damit gut über die Anzahl der **voraussichtlichen Zyklen** bei einer bestimmten Entladungstiefe bzw. der noch vorhandenen **Restkapazität** definieren. Ein **Zyklus** (per Definition) beinhaltet eine komplette Entladung sowie die vollständige Wiederaufladung eines Akkumulators. Ein Zyklus nach IEC 896-2 entspricht einer 60%-iger Entladung bei 20°C und einem Entladestrom der einer 10 stündigen Entladung (also C10).
Die Zyklenlebensdauer gibt an, wie oft die Batterie vollständig entladen und wieder geladen werden kann. Erreicht eine Batterie bei vollständiger Ladung nur noch 60 - 70% ihrer ursprünglichen Kapazität, hat sie ihre zyklische Lebensdauer erreicht. Eine herkömmliche Bleibatterie erreicht diese zwischen 200 und 600 Zyklen. Eine typische Lithium-Ionen-Batterie, kann mehr als 2500 Zyklen erreichen, bevor sie merklich an Kapazität verliert.
Diese Werte sind allerdings von verschiedenen Faktoren abhängig, unter anderem von der Entladungstiefe, der Entladungsart (zyklisch oder Stand by) dem Entladungsstrom und der Temperatur bei der diese Vorgänge ablaufen. Einige Lithiumbatterien erreichen heute mehr als 5.000 Zyklen.
Bei manchen Smart BMS werden die Zyklen gezählt und angezeigt. Welcher Algorithmus dahinter steht und wer ihn wie definiert hat ist allerdings nirgendwo hinterlegt. Die angezeigte Zyklenzahl einiger Apps wird, meiner Meinung nach, extrem überbewertet, denn kein Hersteller/Programmierer einer App kennt die Parameter der später eingesetzten Zellen, und bei welcher Nutzung der Zellhersteller-angabe diese erreicht wird.

Zur praxisorientierten Einordnung dieser Werte:
Ist ein Wohnmobil zehn Wochen (70 Tage) im Jahr unterwegs und wird die 100 Ah Li Aufbaubatterie dabei jeden Tag um 90% bzw. 90Ah entladen und wieder voll geladen, sind das 70 Zyklen! Damit überleben Lithiumbatterien mit mehr als 2500 Zyklen, zumindest rechnerisch, das Wohnmobil!

Batterieladung, Ladekurven, Ladestand SoC,

Zuerst einmal ein paar erläuternde Worte für die Leser, die nicht so tief in der Elektrotechnik verwurzelt sind. In der Elektrotechnik gibt es **Spannungsquellen** (Lichtmaschine, 230V EBL, Solarregler) und Verbraucher (Licht, Kühlschrank oder auch die zu ladende Batterie), die aus diesen Quellen versorgt werden. Der Strom, der aus einer der Quellen in einen Verbraucher fließt, wird durch deren Innenwiderstände bestimmt. Da sowohl für die Beleuchtung als auch zum Laden der Batterie ein Strom aus dem Ladegerät fließt sind beide, aus Sicht des 230V Laders, Verbraucher.
Aber die Batterie ist nicht nur ein Ladestromverbraucher sondern eigentlich ein **Ladestromsammler**, und so kann auch diese Batterie später als Quelle dienen. Die Batterie sammelt die Ladung und deshalb steigt mit zunehmender Ladung (SoC) auch ihre **Quellenspannung**. Diese Quellenspannung setzt sich aber der Ladespannung entgegen. Mit zunehmender Ladung wird die batterieinterne Quellenspannung immer größer, die Differenz kleiner und der Ladestrom nimmt deshalb ab.
Dieses Spiel geht solange, bis die Batterie voll ist und Quellenspannung (Li 13,2V) und Ladespannung (14,4V) annähernd gleich sind.

Im Detail:

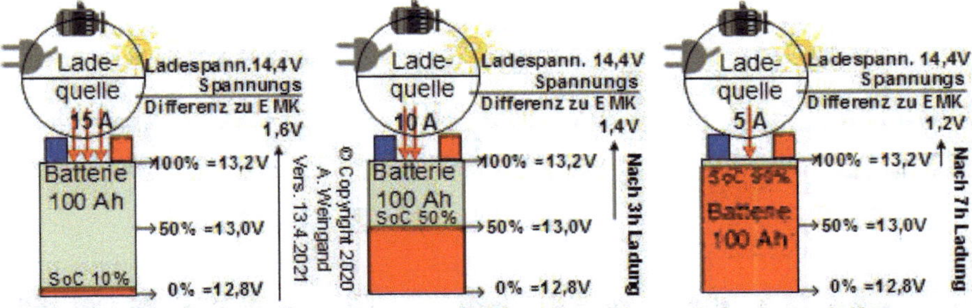

Bei steigender Ladung/Gegenspannung fließt weniger Strom, die Ladung wird langsamer.

Egal durch was die Ladung erfolgt, die Batterie bestimmt mit ihrem Innenwiderstand und dem aktuellen Ladestand (SoC) den aufzunehmenden Strom.

Die Ladung einer Batterie ist damit kein linearer Prozess und darf nicht einfach als „ohmsche Last“ betrachtet werden.

In der Praxis heißt dies: „Je voller die Batterie ist, umso weniger Ladestrom fließt bzw. wird benötigt.“
Der höchstmögliche Ladestrom hängt dabei also nicht nur von der Leistungsfähigkeit der Ladequelle ab, sondern hauptsächlich von der Batterie bzw. deren Innenwiderstand und dem aktuellen Ladestand (SoC) bzw. der daraus resultierenden Quellenspannung.
Wichtig dabei ist, dass man dabei zwischen **Ladespannung** und **Ladeschlussspannung** unterscheidet. Die Ladespannung für Li-Batterien liegt so zwischen 12,2V und 14,4V und kann dauerhaft anliegen. Die Ladeschlussspannung bei einer Li-Batterie ist 14,6 V. Alles was darüber hinaus geht ist schädlich und sollte zu einer Schutzabschaltung führen.

Um den unterschiedlichen Ladespannungen und der notwendigen Ladezeit gerecht zu werden, gibt es auch verschiedene Ladekennlinien. Diese teilen sich auf in eine Bulk/CC stromgeführte Ladephase und eine Absorption/CV spannungsgeführte Ladephase mit einer jeweils unterschiedlichen Zeitdauer.

- **WU** durch die Lichtmaschine: abfallender Strom bei steigender Batteriespannung.
- **I/Uo/U** Ladung durch Standardladegeräte für Lade & Bereitschaftsbetrieb mit schneller aber trotzdem schonender Ladung
- **CC/CV** Für die Ladung einer „zyklische Lithium Versorger-batterie“ eine I/U Ladung auch CC/CV Ladung (Constant Current/Constant

Bei Lithium ist die Zellausgleichsladung unnötig oder u.U. sogar schädlich. Auch eine lange Absorptionsphase wie bei Gel-Batterien sollte vermieden werden.

Die zwei folgenden Diagramme zeigen die unterschiedlichen Ladekurven am Beispiel einer I/Uo/Ue/U Ladung für Blei und einer CC/CV Ladung für Lithium.

Vliesbatterie (Ca/Ca) (AGM, VRLA)

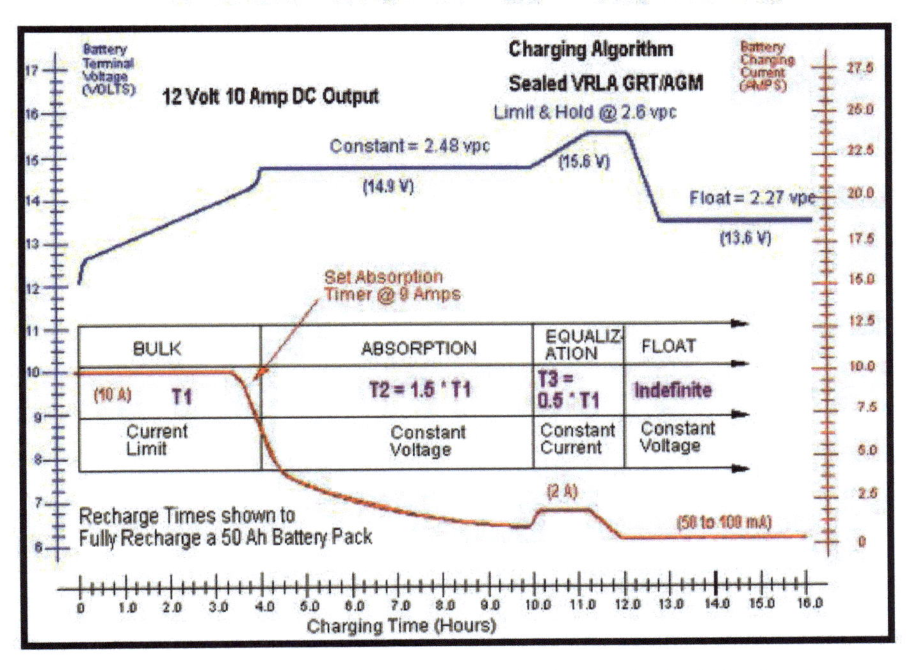

blau: Klemmenspannung in V, rot: Ladestrom in A, x-Achse: Ladezeit

1. Phase: Hauptladung, begrenzter Strom
2. Phase: Nachladung, konstante Spannung
3. Phase: Ausgleichsladung, konstanter Strom
4. Phase: Erhaltungsladung, konstante Spannung

In diesem Diagramm ist vor der Float Phase noch eine Ausgleichsladung (Equalization) eingefügt. Hier wird die Ladespannung für ca. zwei Stunden auf 15,6V angehoben. Diese Ausgleichsladung erfolgt z.B. automatisch bei Ladegeräten der Fa. CTEC, Solarregler von Votronic & Büttner und dem 230V Lader CBE 516-3 oder Dometic MCA 1225.

Bei einer Li-Batterie ist die Ladung wesentlich einfacher. LiFePO4 Batterien werden mit dem einfachen **CC/CV-Ladeverfahren** geladen. Der Ladevorgang unterteilt sich dabei in zwei Bereiche, den
CC = Constant Current und den CV = Constant Voltage Modus. In der ersten Phase „CC" wird der Akku mit einem konstanten Strom geladen. Nachdem die Ladespannung von 14,4V erreicht wurde, schaltet das Ladegerät auf konstant Spannung „CV" um, und lädt den Akku noch so lange, bis der Ladestrom auf fast 0,0 A zurück geht.

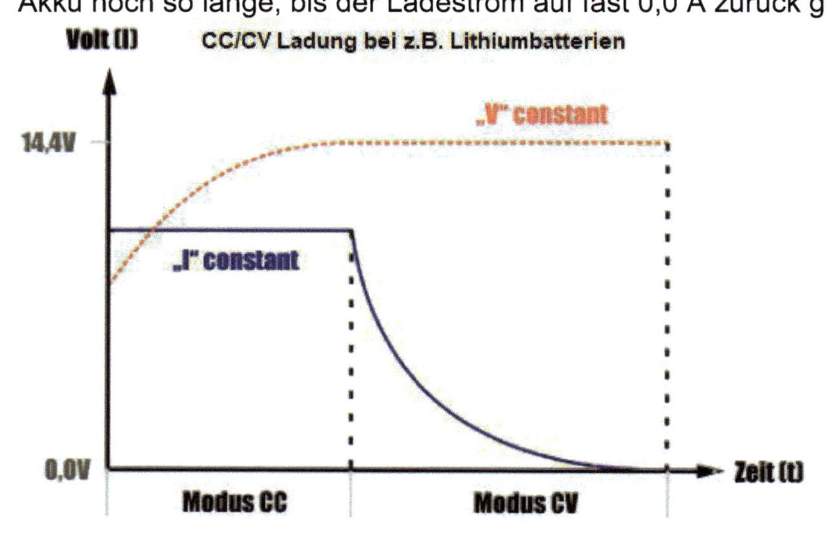

Aber es geht auch mit dem eingebauten **I/Uo//U Ladegerät**, eingestellt auf Blei nass, AGM1 oder Li.
Auch ein **Konstantspannungsnetzteil** bzw. Batterielader im Netzteilbetrieb mit 14,2 bis 14,4 V Ladespannung und einem Ladestrom, der dem C-Wert von ca. C0,5 entspricht ist eine Möglichkeit. Die Ladung aller Ladegeräte muss aber auf Überspannung überwacht werden wenn der Li Akku nicht über ein BMS verfügt! Bei unter +10°C sollte der Ladestrom aber erheblich reduziert oder die Ladung abgeschaltet werden.

Eine Erhaltungsladung ist bei einer Selbstentladung von ca. 2% nicht notwendig, und anstatt einer Ausgleichsladung wird hier pro Zelle je ein elektronischer Balancer geschaltet, der diese Aufgabe übernimmt.

Ladespannung aus verschiedenen Ladequellen

Für alle Batterien wird ja eine Ladespannung angegeben. Für Nassbatterien 14,1V, für Gel Batterien 14,3V, für AGM1&2 14,4V bis 14,7V und für Lithium 14,2 bis 14,4V. Diese Spannung soll an den Batteriepolen anliegen. Aber nur wer ein Ladegerät mit Konstantspannung (CV) besitzt, kann die Ladespannung einstellen, denn diese bleibt konstant, egal welcher Strom in die Batterie fließt. Aber weder LiMa noch die meisten Solarregler oder 230V Ladegeräte stellen eine Konstantspannung zur Verfügung. Bei diesen Geräten bricht die Ausgangsspannung bei Belastung zwischen 10 und 18A schon ein wenig ein.

Außerdem arbeiten an der Ladung meist mehrere Lader zusammen, z.B. die LiMa und der Solarregler oder das EBL und der Solarregler.

Die Spannungen von Lichtmaschine, 230V Lader (bei Blei Gel) und Solarregler (bei AGM) habe ich einmal einzeln gemessen. Dazu habe ich die Aufbaubatterie abgeklemmt und durch einen ohmschen Verbraucher (Glühlampe 35W) ohne eigene Quellspannung ersetzt. Die Ergebnisse bei 3A waren:

Solar, Einstell. AGM	14,34 V
230V EBL, Einstell. Pb Gel	14,26 V
Lichtmaschine / S-Batt	14,31 V

Die Unterschiede der drei Ladespannungen liegen bei 0,08 Volt und sind damit vernachlässigbar. Sie werden von der angeschlossenen Batterie in Richtung deren SoC/EMK Spannung nivelliert (Puffer).

Da aber weder LiMa, noch Solarregler noch EBL über den gesamten Strombereich spannungsstabilisiert arbeiten, und der Batteriestrom sich mit dem ansteigenden SoC der Batterie verringert, werden die Ausgangsspannungen der Ladequellen mit sinkendem Strom ansteigen. Am Batteriepol der Lithiumbatterie werden Sie also die Ausgangspannung der Ladequellen erst messen können, wenn die Batterie zu 100% geladen ist.

Aber auf welche Spannung und zu welchem Zeitpunkt der Ladung reagiert nun die OVP-Schutzschaltung der Batterie? Fragen, die man sich zu Recht stellen kann!

Ich möchte hier versuchen, diese Zusammenhänge einmal an einem Beispiel vereinfacht zu erklären. Zuerst einmal eine Einzelbetrachtung der jeweiligen Gerätespannungen.
Wir nehmen mal eine Batterie, die aufgrund ihres SoC einen Ladestrom von 10A möchte, bei einer Ladespannung von 14,4V.
Als Lader dienen ein Solarregler, mit 5A bei -10°C und temperaturkompensierter Ladespannung von 15,2V. Das 230V EBL liefert bei Einstellung Blei/Gel eine Ladespannung von 14,3V.
Angenommen, die Innenwiderstände beider Ladequellen wären gleich, könnte man sich die Rechnung einfach machen. Zwei parallel geschaltete Spannungen von 15,2V und 14,3V ergeben einen Mittelwert von 14,75V. Am Pol der Lithiumbatterie messen Sie ca. 13,3V (siehe Messreihe Umbau auf Hybrid)! Also hier kein Grund für Befürchtungen, dass ein OVP Fall eintritt.
Anders kann es aussehen wenn die Batterie voll ist und nur noch ein Strom von vielleicht 0,2 A fließt.

Aber wer ist eigentlich die Hauptladequelle an der ich mich mit den Einstellungen orientieren sollte?
Ich habe für meine Urlaubsgewohnheiten einmal die Ladeanteile der Ladequellen Solar, EBL und Lichtmaschine in einer Tortengrafik dargestellt.

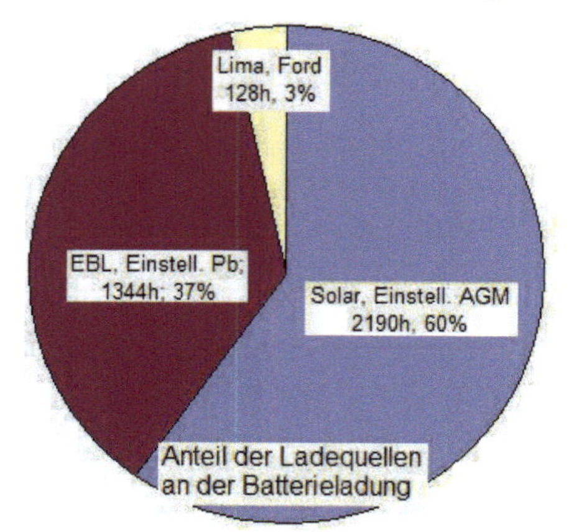

In meinem Fall sieht man deutlich, dass bei mir der zeitliche Anteil der Solaranlage überwiegt und damit eigentlich mit seiner Spannung von 14,34V das Ladegeschehen, zumindest zeitlich gesehen, bestimmt.

Achtung: Bei einer vorhandenen Temperaturkompensation in Ladebooster, Solarlader oder Motorsteuerung muss deshalb die gelieferte Maximalspannung bei Minusgraden überprüft werden und darf nicht über 14,6 V liegen, da sonst ggf. die OVP Schutzschaltung anspricht.

Batterie Ladezustand (SoC)

Der erreichte Ladezustand von Lithiumbatterien kann über die Batteriespannung nur sehr grob geschätzt werden. Die Spannungskurve zwischen 100% und 25% SoC ist bei einem Lithium Akku zwar nicht linear aber mit 0,4 V Differenz wesentlich flacher als bei einem AGM/Gel Akku (0,8 V Differenz). Diese geringe Differenz ist für eine schlichte LED Anzeige kaum auswertbar. Das geht nur über eine Erfassung der Ströme und Zeiten mit Hilfe eines **Batteriecomputers**. Ein Batteriecomputer kann allerdings auch nicht in die Batterie schauen, er sieht keine Umwandlungsverluste, keine Selbstentladung und auch keine internen Balancerströme!

Er orientiert sich an der vorgegebenen Kapazität, dem Batterietyp, dem entnommenen bzw. geladenen Strom und der Zeit, dann ist bei den meisten Schluss. Aus diesen Parametern errechnet er bei einer neuen Batterie den Ladestand auf ca. 10% genau! Ohne BC kann man sich nur an der gemessenen Klemmenspannung orientieren.

Die in der nachfolgenden Tabelle angeführte Klemmen-, Ruhe- oder Quellenspannung sollte erst ca. ein bis zwei Stunden nach der Ladung/Entladung gemessen werden, wenn der chemische Umwandlungsprozess zur Ruhe gekommen ist.

- Gel Batterie, AGM Batterie bei 25°C ca.

SoC	100%	75%	50%	25%	0%
Spannung	12,9V	12,6V	12,4V	12,1V	<11V

- Lithium, $LiFeYPO_4$, $LiFePO_4$ bei 25°C ca.

SoC	100%	75%	50%	25%	0%
Spannung	13,2V	13,1V	13,0V	12,8V	>12V

Ab hier nicht linear!

Achtung: Alle Batteriecomputer der BMS verrechnen nur Ströme über 0,2-0,4A mit der SoC Kapazitätsanzeige. Wichtig ist deshalb auch die Spannungsanzeige. Wenn der SoC auf 99% steht und die Spannung der Batterie nur 13V stimmt mit der SoC Angabe etwas nicht, also bitte synchronisieren.

Und jetzt noch eine kleine Abschweifung in die gelebte Praxis der Batterieladung bzw. ihrem SoC.

Manche Nutzer von Lithiumbatterien gehen aufgrund verschiedener Internetbeiträgen dazu über, den Ladebooster durch zeitweise Abschaltung des Steuersignals D+ zu manipulieren, um die Li-Batterie

nur auf 80% zu laden. Auf das Solarpanel wird diese Praxis aber unlogischer Weise nicht angewandt, obwohl deren Einspeisezeit wesentlich länger ist als die Zeit der Lichtmaschine. Man muss sich das mal durch den Kopf gehen lassen:
Da wird zur besseren Ladung ein Ladebooster eingebaut, aber bevor der die Batterie voll geladen hat wird er abgeschaltet um die Batterie zu schonen!! Lustigerweise hat man dies bei der Bleibatterie nicht gemacht, warum jetzt?

Ich möchte zu dieser Praxis hier einmal meine persönliche Einschätzung abgeben:

- Wenn die Lithiumzellen mit „**Top Balancing**" auf gleichem Ladestand (SoC) gehalten werden sollen, dann ist eine **Ladung mit ca. 14,4V** notwendig, denn nur dann setzt das Top Balancing bei den Standard Parametern der JBD/JK/DALY BMS ein. Wird vorher abgeschaltet, sind die Zellen eventuell nicht auf gleichen SoC, und die Batterie erreicht deshalb nie die volle Kapazität. Deshalb würde ich auch eine Ladekurve wählen, die diese Spannung zur Verfügung stellt und nicht abgeschaltet wird.
- Was wohl auch nicht beachtet wird ist, dass der Ablauf einer I/Uo/U oder CC/CV Ladung damit abgebrochen wird und beim Wiedereinschalten wieder von vorne mit der I-Phase beginnt. Also wieder keine 14,2V.
- Ich habe keine Fachpublikationen gefunden, **die für Lithiumbatterien im zyklischen „deep cycle" Betrieb eine Ladung auf nur 80% empfiehlt**. Im „stand by" Betrieb von USV- oder Notstromanlagen wird es richtigerweise empfohlen.
- ***Zitat Votronic:*** *LiFePO4: Ladeprogramm für Lithium-Batterien, Kennlinie IU1oU2oU3*
  „Ladeprogramme abgestimmt auf Lithium-LiFePO4-Batterien mit eigenem BMS und vorgeschriebener bzw. eingebauter Schutzbeschaltung. Eine spezielle ***Ruhe-Erhaltung*** *hält die LiFePO4-Batterie bei abgestelltem Fahrzeug (Saisonbetrieb) automatisch auf einem für die Lebensdauer vorteilhaften Ladestand von 50-80% und puffert dabei auch 12V-Verbraucher sowie die Fahrzeug-Starterbatterie".*

- Wichtig beim Lesen solcher 80% Empfehlungen ist also immer, ob der Verfasser bei den Ladevorgaben von einem zyklischen Betrieb, einem Start/Stop Betrieb oder nur von einem Ruhe-Erhaltungsbetrieb spricht.
- Es ist richtig, dass viele Batteriehersteller, egal ob Blei oder Lithium, empfehlen, den Akku **vor einer längeren Einlagerung** nur zu 80% zu laden. Ob diese Empfehlung aber davon herrührt, die Bleibatterie bei der Lagerungsladung nicht zum Gasen zu bringen und einfach nur übernommen wurde, geht aus keiner Publikation hervor.
- Schalten Sie den Ladestrang Ihrer Li-Batterie nicht einfach ab. Die Batterie bildet für den Solarregler oder andere Stromerzeuger einen Puffer zur Spannungsglättung. Wird der Ladezweig abgeschaltet, kann die Spannung an den ungepufferten Erzeugerausgängen kurzfristig auf über 15V ansteigen.

Es gibt also unterschiedliche Betrachtungsweisen und bei den Ladegerätehersteller dafür auch unterschiedliche Konzeptionen. Aber egal welche Konzeption, eines gilt für alle: **Wenn die Batterie voll ist, nimmt sie bei korrekter Ladespannung fast keinen Strom mehr auf**!

Übrigens: Es geht auch die Mär, dass man Li-Zellen bestimmter Hersteller bis zu 120% gegenüber der Herstellerangabe entladen kann und schließt daraus auf eine Überkapazität. Auch dazu eine kurze Bemerkung:

1. Man kann der Zelle leider nicht entnehmen, ob es um eine Klasse A, B- bzw. C- Grade Ware handelt. Entsprechend sind die Toleranzen und der Preis.
2. Bei jeder Akkufertigung gibt es Toleranzen, 10% sind normal, egal ob Blei oder Li und fast kein Li Hersteller/Vertrieb gibt den C-Wert für die aufgedruckte Kapazität an.
3. Wer einen 100 Ah Li-Akku nur mit C20 (5A) entlädt hat natürlich mehr Kapazität, als wenn dieser mit C2 (50A) entladen wird, denn auch hier schlägt der Peukert Faktor zu, wenn auch in erheblich kleinerem Maße.

Kurzzusammenfassung:

LiFe(Y)PO_4 Batterie, Lithium/Eisen/(Yttrium)/Phosphat, LFP, zyklische Versorgungsbatterie, ca.3.000 Zyklen bei 80% Entladungstiefe (DoD), wartungsfrei, bedingt lageunabhängig, Nennspannung bei 100% Ladung 13,2 V.
Ladespannung 13,2-14,4V, empfohl. Ladestrom: C0,5, Ladeschlussspannung ca.14,6 V,
OVP Schwelle bei über 14,6V
UVP Schwelle bei unter 11,8V
Tiefentladungsgrenze: 11V, Entladestrom: C1-C3,
Ladetemperatur bei $LiFeYPO_4$: >-20°C bis +45°C
Ladetemperatur bei $LiFePO_4$: +5°C +45°C
Entladetemperatur -20°C +55°C
Innenwiderstand Ri ca. 6-20 mΩ bei AC Messung
Peukert Wert 1,02 bis 1,05, Ladewirkungsgrad 95%

Wer gute und fundierte DIY Videos ohne viel „Drum herum Gerede“ zum Thema Batterien und Solar sucht, wird bei Will Prowse auf YouTube fündig. Man kann dessen YT Beiträge wirklich anschauen, allerdings mit einem kleinen Nachteil: sie sind in Englisch.

Energiebilanz, Berechnung und Simulation

Bevor man sich überlegt ein neues Batteriesystem zu kaufen oder selbst zu bauen, sollte man sich einen Überblick über die eingesetzten Verbraucher, deren Energiebilanz im Einsatz und den Lademöglichkeiten der neuen leistungsstärkeren Batterie verschaffen. In Haus und Wohnung leben wir nach dem Motto: *„Bei uns kommt der Strom aus der Steckdose, über die Menge brauche ich mir keine Gedanken machen, sie steht zur Verfügung*“. Im Wohnmobil stimmt der Satz leider nicht mehr. Der Strom kommt zwar auch aus der Steckdose, aber halt aus der oft auf 10A begrenzten CP Säule oder der limitierten Speicherkapazität der Batterie(n).

Eine wichtige Bemessungsgrundlage für die Auslegung des gesamten elektrischen Bordnetzes ist deshalb die Ermittlung des Strombedarfs, um die begrenzten Lieferfähigkeiten bewusster zu verwalten. Aber der Bedarf ist immer individuell und hängt außerdem stark von der Reisezeit ab. Beschränkte Platzverhältnisse, gasunabhängige Verbraucher, und gestiegene Komfortansprüche fordern mit Kompressor-Kühlschrank, Dieselheizung, Senseo- Kaffeemaschine und autark zu betreibender Klimaanlage ihren Tribut, in Form erhöhten Strombedarfes.
Bei einer solchen Berechnung muss man außerdem auch beachten, dass eine solche Kalkulation immer mit **statischen Stromstärken** rechnet. **Dynamische Anlaufströme,** wie z.B. ein Anlaufstrom bei einem Klimakompressor, beim Einschalten eines Wechselrichters oder die induktive Blindleistung von Induktionskochfeldern werden dabei nicht berücksichtigt.
Entscheiden Sie sich für ein BMS mit Hochstromrelais ist das nicht ganz so schlimm, die ganze Steuerung reagiert erst auf Unterspannung. Li-Zellen können einiges ab.
Arbeiten Sie aber mit einem „Smart BMS“ wird die Sache kritischer. Die Elektronik misst die Maximalströme im Millisekundenbereich und schaltet zum Schutz der Elektronik ab.
Legen Sie Ihre BMS Anforderungen also so aus, dass auch der Anlaufstrom einer Klimaanlage berücksichtigt wird.

Zum besseren Verständnis hier einmal eine Beispielrechnung:

- Dachklima mit 1000 Watt elektrischer Leistung (4,5 A)
- Wechselrichter Sinus mit einer Dauerleistung von 2000 W (Betrieb also mit ca. 70% Auslastung und Wirkungsgrad 85%)
- 200 Ah Lithium Batterie mit Smart BMS.

Die Dachklimaanlage fordert beim Anlaufen des Kompressors für ca. 100 ms ungefähr das 5,5 fache ihres Betriebsstromes vom Wechselrichter, also 230V/25A oder 5.750 W. Der Wechselrichter fordert in diesem Moment von der 13V Batterie inklusive seiner eigenen Verlustleistung ca. 6.100 W. Sein Anlaufstrom aus dem Kaltstart ist hier noch gar nicht berücksichtigt! Das sind 470 A! In der üblichen Berechnung nach Typenschildangabe wird dies nur als statische Dauerbelastung von 77 A dargestellt.
Die 200 Ah Untersitzbatterie mit dem Löwen brüllt nach eigenen Angaben mit „Max. Entladestrom (≤20Sek.) von 200A“. Sie wird also diese Klimaanlage nicht zum Start zulassen! Dies nur zur besseren Einordnung der dynamische Anlaufströme und der technischen Angaben.

Trotz dieser Ungenauigkeit ist es wichtig, den Grundbedarf zu kennen und die Abhängigkeit von gespeicherter Energie (Batterie), erzeugter Energie (Solar, Lichtmaschine) und dem Energieverbrauch anschaulich zu simulieren. Auch die Autarkiedauer und die Stromeinsparungen durch einen Gasherd oder einer dieselbetriebenen Heizung werden dabei berücksichtigt. Das gezeigte Beispiel ist allerdings eine gekürzte Demoversion.
Falls Sie Interesse an der Excel-Tabelle haben, können Sie mir eine kurze Mail an WoMo-beratung at T-online.de schicken, Sie erhalten die Excel-Datei dann per Mail.

Energiebilanz inkl. Gas & Diesel

V4.5, Stand 17.10.2023, © A.Weingand

Energiebilanz 12/24/230V auf Ah/Wh	**Anzahl (n)**	**Leist. (W)**	**Strom (A)**	**Std/ Tg**	**Strom (Ah)**	**Leist. (W)**
Spannung 12/24V im Aufbau, Lichtma A?	12	1800	150			
Batteriedaten lt Hersteller, für Aufbau	**Anzahl**	**Ah**			**netto**	
Bleibatteriel, entladbar um 60% DoD	0	90			0	0
Lithiumbatterie, entladbar um 90% DoD	1	100			90	1080
Batteriekapazität, gesamt, netto	1	100			90	1080
Energiequellen, Ladung Aufbaubatterie	**(n)**	**(W)**	**(A)**	**(h)**	**(Ah)**	**(Wh)**
1. Chassis LiMa, 30% für Lad. Aufbau Batt.	1	540	45	2,0	90,0	1080
Kühlschrank bei Fahrt auf 12/24V? Ja=1	1	-150	-12,5	2,0	-25,0	-300
Solarmodule, Anzahl & Wp nach STC	1	100	6,8	12,0	81,0	972
Abzug liegend, Sommer April-Sept. **oder**	1	-19		12	Sonnen h/Tag	
Abzug liegend, Winter Okt.-März	0	-36		6	Sonnen h/Tag	
Summe Abschlag auf STC in %		-19				
Σ Energieerzeugung bei Fahrt pro Tag					146	1752
Σ Energieerzeugung im Stand pro Tag					81	972
Verbrauch Beleuchtung & Geräte 12/24V	**Anzahl**	**(W)**	**(A)**	**(h)**	**(Ah)**	**(Wh)**
LED Beleuchtung, Spots	6	10	5,0	3,0	15,0	180
LED Ambiente Beleuchtung, Strip 5 m	1	30	2,5	3,0	7,5	90
Kompressor-Kühlschrank, Betrieb 12/24V	1	35	2,9	12,0	35,0	420
Betriebstrom Heizung Gas/Diesel Betrieb	1	17	1,4	2,0	2,8	34
Wasserpumpe, Tauch-,Membranpumpe	1	55	4,6	0,5	2,3	28
Hubbett, elektrisch	0	200	0,0	0,2	0,0	0
TV & Sat-Receiver Betrieb 12/24V	1	40	3,3	3,0	10,0	120
Notebook, Tablett, Ladegeräte	1	30	2,5	4,0	10,0	120
Σ Verbrauch 12/24V pro Tag			22		83	992
Verbrauch 230V Landstrom oder WR	**Anzahl**	**(W)**	**(A)**	**(h)**	**(Ah)**	**(Wh)**
Kaffemaschine, Nespresso, Senseo	1	1500	125,0	0,3	31,3	375
Föhn oder Wasserkocher 1,2l	0	1800	0,0	0,2	0,0	0
Pedelec-Akkuladung, Akku 400W über WR	1	400	33,3	1,0	37,0	444
Verluste im Wechselrichter (Aufschlag in %)	12	228	19,0		8,2	98
Σ Verbrauch 230V Geräte via WR proTag			177		76	918
Combi E Zusatzheizung, Stufe 0, 1, 2 ?	0	900	0,0	8,0	0,0	0
Σ Verbrauch aller Geräte pro Tag					159	1909
Bilanz (gespeichert/Erzeugung/Verbrauch) im Stand pro Tag					12	1134
Berechnung Stromkosten CP/SP	**Tage**	**€ kWh**			**Kosten**	**kWh**
UZ Betriebszeit = B57 / Kosten kW/h = C57	3	2,0 €			6 €	3
Autarkie ohne bzw. mit Standortwechsel					**Ah ohne**	**Ah mit**
Energiebilanz am Ende Autark Tag 1 (Fr)					12	12
Energiebilanz am Ende Autark Tag 2 (Sa)					16	81
Energiebilanz am Ende Autark Tag 3 (So)					21	86
Gas/Dieselkalkulation über Urlaub (UZ)	**Anzahl**	**kg/h**	**% in Fl.**	**h/Tag**	**Σ kg**	**kg Ges**
Gasvorrat n Flaschen a 2,7/ 5/ 11 oder 14 kg)	1	11	100		11,0	
Gasbetrieb Kühlschrank 110l, über UZ	0	0,020		20		0,0
Gasbetrieb Herd, 0,1,2 Flammen an?, ü.UZ	1	0,050		1		0,2
Gasbetrieb Boiler auf 60°C, ü.UZ	1	0,120		1		0,4
Gasbetrieb Heizung, Stufe 0,2,4,6 kW ?, ü.UZ	0	0,080		10		0,0
Σ Verbrauch Gas über Urlaubszeit						0,5
Dieselbetrieb Herd, 0,1 Flammen an ?, ü.UZ	0	0,15		21		0,0
Dieselbetrieb Heizung., 0, 2, 4, 6 kW ?, ü.UZ	2	0,10		10		2,0
Σ Verbrauch Diesel über Urlaubszeit						2,0

Konzeption und Auswahl des Batteriesystems

Wegen der besseren Vergleichbarkeit, habe ich für die kommenden Kapitel immer eine Batterie mit 12V, 100 Ah zugrunde gelegt. Dies entspricht leider immer noch der Standardausrüstung heutiger Wohnmobile.
Und nun zur Tat. Bevor Sie sich Gedanken machen über ein mögliches Batteriesystem, sollten Sie sich in einem kleinen „Lastenheft" überlegen, was Sie benötigen. Darunter fallen auch die Einbaumöglichkeiten und eventuelle Abhängigkeiten zu der bereits bestehenden Elektrik.

Einbauplanung

Grundsätzlich gibt es ja viele Möglichkeiten ein neues Lithium Batteriesystem zu platzieren: Allerdings hängt es stark davon ab für welches System Sie sich entscheiden. Systeme m it Winston Zellen passen oft nicht unter die Fontsitze, bei „Drop in Systemen" können Sie dort so ca. 200Ah platzieren.
Die zweite Entscheidung ist:

- Den Platz an dem die Originalbatterie saß, oder
- einen neuen Platz in Sitzbank, Heckgarage oder sogar Unterflur. Dann wird aber eine Umverkabelung notwendig werden.

Bei den meisten Wohnmobilen sitzt die Aufbaubatterie(n) in der **Beifahrersitzkonsole**. Wird die neue „**Drop in Austauschbatterie**" auch dort platziert, liegen die Anschlusskabel bereits und können meist wieder verwendet werden. Meist reicht auch der Kabelquerschnitt, da in der Sitzkonsole kaum Platz für eine 400 Ah Batterie ist.
Trotzdem sollte man sich folgende Fragen stellen:

- Entspricht das Gehäuse der neuen Batterie der Norm?
- Passen die bestehenden Batterieklemmen auf die Pole der neuen Batterie bzw. gibt es dafür Adapter?
- Sind die Pole genau so angeordnet (+ -, vorne, hinten, links, rechts wie bei der eingebauten Batterie?
- Sind die bereits installierten Batterieanschlusskabel lang genug, um an die neue Batterie angeschlossen werden zu können?

- Kann die neue Batterie genauso im Fahrzeug befestigt werden wie die alte? (Befestigungswulst)

Sitzt die Originalbatterie in einer Sitzbank oder in der Heckgarage, hat man meist kein Problem mit den Abmessungen einer größeren Batterie, aber man muss auf jeden Fall den Kabelquerschnitt der Ladekabel verstärken und an die größeren Ladeströme einer Li-Batterie anpassen.
Soll die neue Batterie in einen außen liegenden Staukasten untergebracht werden, sollte man vielleicht über ein nach IP 44 schützendes Blechgehäuse des Akkupacks nachdenken. Auch sollten die Anschlusskabel zur Chassis- und zur Bordelektrik unbedingt in Kabelkanälen verlegt werden.

Damit die LiFePO4 Batterie unter den Beifahrersitz passt, darf diese inklusive Anschlusskabel nicht höher als 19 cm sein. Das Zauberwort heißt: „nutzbare Innenmaße Sitzkonsole" und beträgt bei Fiat Ducato, Citroen Jumper oder Peugeot Boxer 353x280x190mm. Beim Transit (Bj. 2007-2013) sind die nutzbaren Innenmaße der Sitzkonsole 385x360x210. Achtung: Eventuell könnten aber Teile des Drehtellers (Sperrhebel, Drehachse) in den Raum der Sitzkonsole ragen.
Die „ just Drop in" Lithium **Untersitzbatterien** im Kapazitätsbereich bis 200Ah sind mit ihren mechanischen Abmessungen meist darauf abgestimmt. Ob das auch für die Polanschlüsse und die Bodenleiste gilt ist eine ganz andere Frage.

Batt. Abmessungen, Polanordnung, Befestigung

Abmessung, Kapazität und Preis der Lithium Batterie hängen miteinander zusammen. Je mehr Amperestunden, desto größer und auch teurer ist in der Regel die Batterie. Ist die Batterie jedoch zu groß, passt sie nicht mehr in die vorgesehene Halterung.
Die sogenannten Kastenmaße der Startbatterien sind in Europa markenübergreifend als **H7** standardisiert und betragen: **Länge 315 mm**, Breite 175 mm und eine Höhe von 190 mm.
Für die **Größe H8 gilt: Länge 353 mm, Breite** 175 mm und eine **Höhe** von 190 mm.

Die ersten drei Ziffern der ETN Nummergeben, z.B. ETN 555 107 054 geben Auskunft über Spannung und Kapazität (12V/55Ah), die mittleren drei Ziffern geben Auskunft über Polanordnung und Befestigungswulst und die letzten drei Ziffern codieren den Kaltstartstrom. Multipliziert mit dem Faktor 10 ergibt sich der Kältestartstrom (540A).

Schaltung 0

Pluspol von vorne gesehen rechts

Schaltuna 1

Pluspol von vorne gesehen links

Schaltung 3

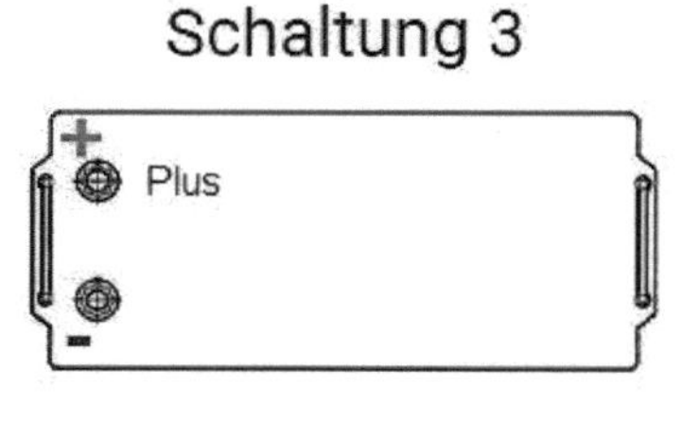

Pole von oben gesehen wie abgebildet

Bodenleisten

- B00 = ohne Bodenleisten
- B01 = Bodenleisten 10,5 mm hoch an den Längsseiten
- B03 = Bodenleisten 10,5 mm hoch an den Längs- und Breitseiten
- B04 = Bodenleisten 19 mm hoch an den Längsseiten
- B09 = Bodenschlitze an den Längsseiten, Bodenleisten 29 mm hoch an den Breitseiten
- B11 = Bodenleisten 10,5 mm an den Breitseiten
- B12 = Bodenleisten 10,5 mm und 29 mm hoch, jeweils an den Stirnseiten
- B13 = Bodenleisten 10,5 mm hoch an den Längs- und Breitseiten; mit 5-fach Sickung
- B13/B14 = Bodenleisten 19 mm hoch an den Längsseiten; mit 5-fach Sickung durch Adapter

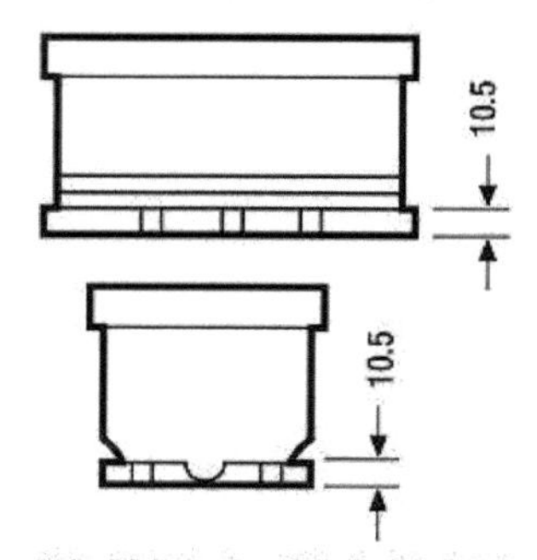

Beispiel: Batterie mit Bodenleiste B03

Der Hauptstrom fließt übrigens nicht über irgendwelche M6/M8 oder M10 Gewindegänge sondern über die Polfläche auf die der Verbinder gepresst wird. Das gilt für Schraub- und für Klemmpole. Wichtig sind hier saubere und glatte Oberflächen von Pol und Kabelschuh bzw. Anschlussklemme.

Abhängigkeit von der Temperatur und Zellheizung

Voller Ladestrom bei frostigen Temperaturen ist für eine Lithiumbatterie eine Sache, die sie sprichwörtlich kalt erwischt.
Lithiumbatterien sind empfindlich bei Temperaturen unter +10°C, sofern sie z.B. kein Yttrium im Kathodenmaterial beigemischt haben.
Diese Empfindlichkeit betrifft hauptsächlich die Ladung mit hohem Strom. Bei 0°C beträgt der Ladestrom ca. 0,05C, für eine 100Ah Batterie bedeutet dies nicht mehr als ca. 5A Ladestrom.
Viele Hersteller von Lithium „Drop in“ Batteriesystemen führen deshalb eine „**Batterieheizung**“ ein und versprechen damit eine Ladefähigkeit bis -20°C.
Dazu ein Temperaturtest der Fa. ECS über die Wirksamkeit von Heizmatten. Für einen Testlauf hatten sie 4 x 280Ah prismatische Zellen im Klimaschrank montiert. Zwischen den Zellen und an den Außenseiten wurden insgesamt fünf Heizplatten mit jeweils 30W Nennleistung angebracht. An den Polen wurden Temperaturfühler montiert. Der Zellenblock wurde innerhalb von 8 Stunden auf -10°C abgekühlt. Nach dieser Kühlzeit sollte auch der Kern der Zelle eine Temperatur von -10°C erreicht haben. Dann wurden die Kühlung aus- und die Batterieheizung eingeschaltet.
Alle Heizplatten hatten eigene Thermostate, so dass ein gleichmäßiges Aufwärmen gewährleistet war, und die Temperatur punktuell nicht zu hoch anstieg.
Ergebnis: In dieser Testkonfiguration wurden 45 Minuten Heizung mit 150W (9 Ah) benötigt, um die Poltemperatur der Zellen von -10°C auf ca. +5°C zu bringen.

Und jetzt Achtung: Bei vielen Batteriesystemen sitzt der Temperaturfühler der Batterie auf dem Balancermodul oder dem BMS und nicht zwischen den Zellen. Damit wird nur die Temperatur der Elektronik angezeigt und nicht die viel wichtigere Zelltemperatur!
Bitte beachten Sie auch, dass Marketing und Technik die Dinge oft unterschiedlich sehen und deren Angaben differieren.
Erst langsam schalten die Hersteller und Händler auf eine wahrheitsgetreuere Angabe dieser Temperaturabhängigkeit um.
Und jetzt einmal ein paar Vergleiche als Zusammenfassung:

Vergleich Blei- zu Lithiumbatterie

Lithiumbatterien fürs Wohnmobil gibt es mit Kapazitäten von 80Ah bis 280 Ah. Um dem **Vergleich** eine gemeinsame Basis zu geben, beziehe ich mich immer auf eine **nutzbare Kapazität (netto) von ca. 90 Ah** (100 Ah Li bei 90% DoD bzw. 150 Ah AGM Blei bei 60% DoD). In diesem Vergleich beinhaltet die Lithiumbatterie ein BMS mit Zellbalancing, OVP, UVP und Ladestrombegrenzung bei tieferen Temperaturen. Die Preisvergleiche gelten für Händler mit Sitz in Deutschland und Produktion im Frühjahr 2023.. Auch das Thema EU-Gewährleistung oder eine mögliche Geschäftsaufgabe kleinerer Händler sollte man bei den Preisen in die Betrachtung mit einbeziehen.

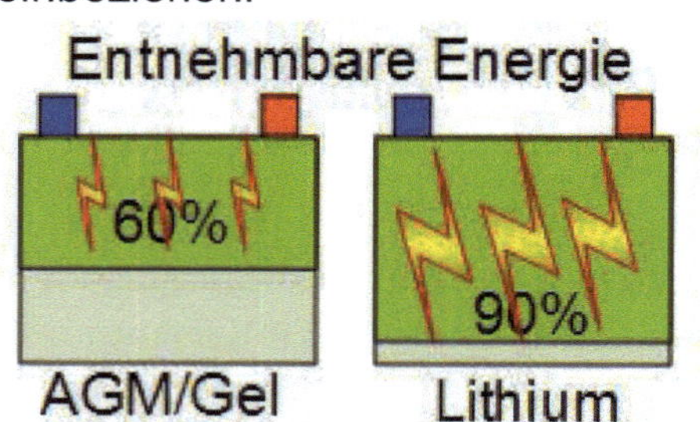

Um 90Ah Energie bei langer Lebensdauer entnehmen zu können, benötigt man aufgrund geringerer Entladetiefe einer AGM Batterie 150Ah bei Lithium nur 100Ah Nennkapazität.

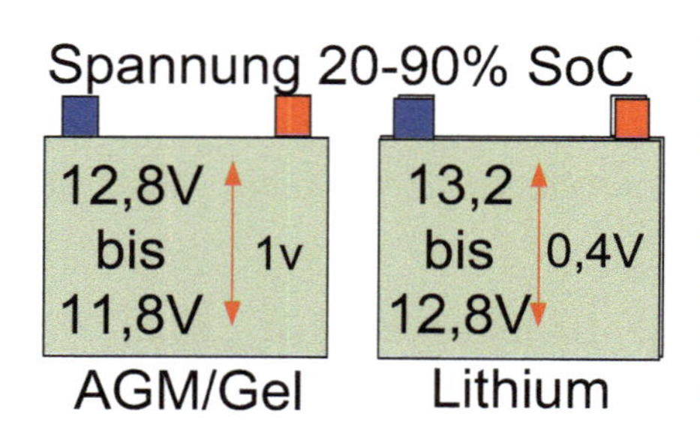

Eine volle Bleibatterie hat eine Spannung von 12,8V, eine volle Li-Batterie hat 13,2V. Der Spannungsabfall einer Bleibatterie bei 20% SoC beträgt 1V und hängt von der Stromentnahme ab. Bei einer Li-Batterie beträgt er nur 0,4V, unabhängig von der Stromstärke.

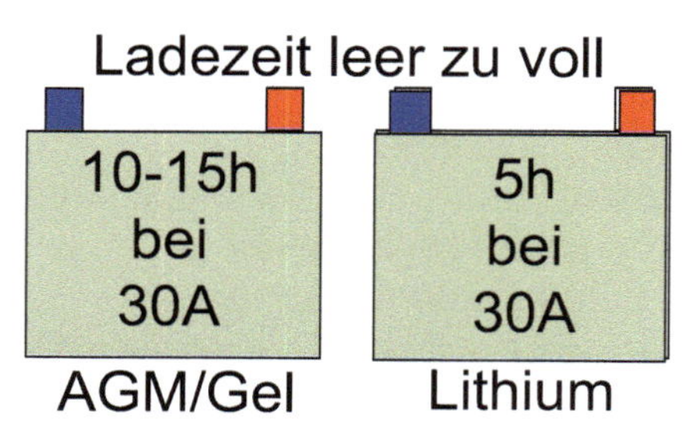

Die Batterieladezeit ist beim gleichen Ladestrom um die Hälfte geringer

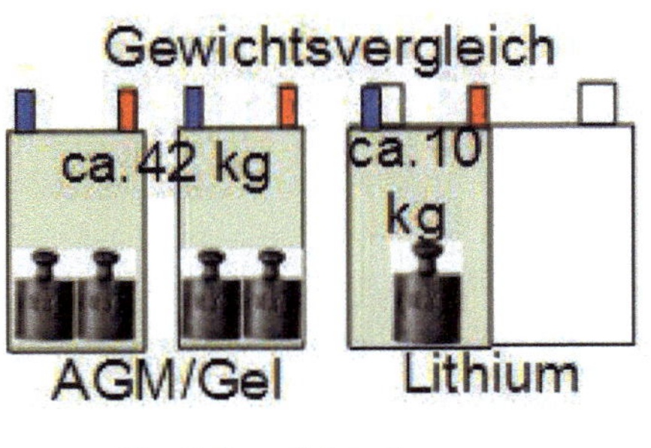

Eine Lithiumbatterie hat bei vergleichbarer Nettokapazität ungefähr 75% weniger Gewicht als eine Bleibatterie.

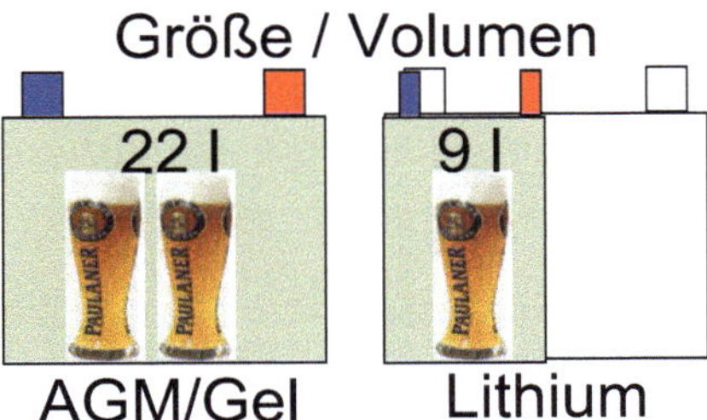

Eine Lithiumbatterie hat bei gleicher Nettokapazität mehr als die Hälfte weniger Volumen als eine Bleibatterie. Das bezieht sich allerdings auf den Zellenblock und nicht auf das Batteriegehäuse.

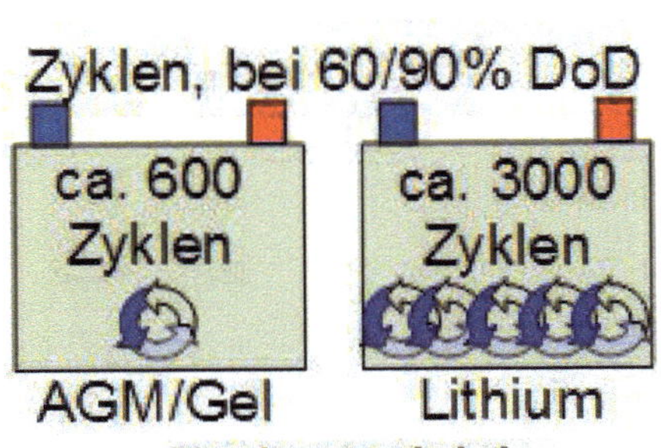

Bei vergleichbarer Entladung hält die Gel/AGM Batterie ca. 600 Zyklen (60%DoD), bevor sie merkbar Kapazität verliert. Bei der Lithiumbatterie dauert das ca. 2500 Zyklen bis ein Kapazitätsverlust auf 60%SoC eintritt.

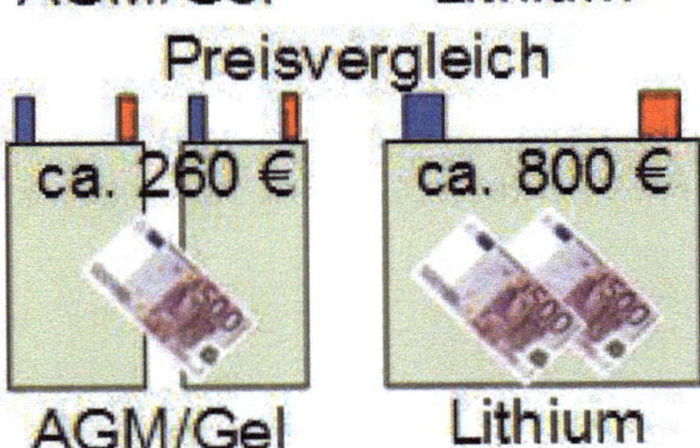

Auch hier der Vergleich bei gleicher entnehmbarer Strommenge. Zwei Gel/AGM Batterien liegen preislich noch unter einer Lithiumbatterie.

Hier noch ein paar weitere, ergänzende Vergleichswerte:

Der Peukert Wert liegt bei Blei bei ca. 1,5, bei LiFePO4 Zellen bei 1,01 (Winston) bis 1,05 (Becherzellen). Der Ladewirkungsgrad liegt bei Blei bei ca. 80-85%, bei Li bei ca. 98-99%. Die Selbstentladung liegt bei Blei bei ca. 10-15%, bei Li bei ca. 1-2% pro Monat.

Und hier ein leicht brutaler Anwendungsvergleich aus der Praxis:
Mit einer Bleibatterie können Sie direkt eine Mutter aufs Blech schweißen, die Spannung bricht zwar dabei auf 7V ein, aber es geht. Die Li-Batterie hält ihre 12V, aber das. eingebaute Smart BMS schaltet wg. Kurzschluss ab.
Das Ganze mehr prosaisch als Zusammenfassung eines Nutzers:
„Bleiakkus sind rohe Klötze, die es eine Weile aushalten, geschunden zu werden.
LiFePo sind leistungsfähige Sensibelchen, die beim Laden behutsam behandelt werden wollen. Sie frösteln auch leicht. Man kann sie aber mit hohem Entladestrom quälen, wobei die Bleibatterie nur bewundernd zuschauen kann und ihr vor Neid die Spannung einbricht".

Und jetzt noch ein paar Worte zu den **Umbaukosten** von 90 Ah Blei nach 100 Ah Lithium, mit dem Ziel ca. 3 Tage Autarkie (siehe auch Energiebilanz) zu erreichen. Die Preise, Stand 2023, sind von europäischen Händlern und beinhalten eine zweijährige Sachmängelhaftung.

Selbstbezug & Selbstbau mit blauen Becherzellen:

- Akkupack 4x105 Ah, EVE Grade A — ca. 340€
- Smart BMS inkl. Zellbalancer — ca. 120 €
- Kleinteile, Gehäuse — ca. 50 €

ca. 510€

Bausatz: zum Selbstzusammenbau mit blauen Becherzellen:

- Bausatz inkl. Smart BMS 150 Ah — ca. 400 €
- Kleinteile, Gehäuse — ca. 50 €

ca. 450 €

Drop in Fertigbatterie mit blauen Becherzellen:

- Akkupack inkl. Smart BMS, 100 Ah — ca.600-900 €
- Kleinteile — ca. 10 €

ca. 810 €

Bausatz: zum Selbstzusammenbau mit Winston Y Zellen:

- Bausatz inkl.4x Winston LFYP Zellen — ca. 1499 €
- 4x Balancer, SSR Relais, Kleinteile — 0 €

ca. 1500 €

Für Solar und Ladebooster bei Euro 6 sollte man nochmals ca. 600 € dazu rechnen, denn die sind ein wesentlicher Teil zur autarkem Stromversorgung. Die Preise sind nicht in Beton gegossen und direkt aus China gibt es vieles billiger, aber diese Aufstellung kann zumindest einen groben Überblick geben!

Und bevor ich jetzt zu Themen wie Drop in Batterien, Bausätze und Selbstbau mit Li-Zellen überleite, ein kleiner aber wichtiger Hinweis für die Transportregeln (auch Rücksendung) von Lithiumbatterien:
Ein gesetzlich vorgeschriebener Label auf der Verpackung muss auf den Inhalt „Li Batterie“ und die Gefahrgutklasse hinweisen.
Lithium-Ionen-Batterien mit einer Energie von mehr als 100 Wh sind gemäß UN-Nummer 3480 bzw. 3481:im internationalen Transportrecht (Straße/Schiene ADR 1/2021 bzw. RID, Seefracht IMDG Code und Luftfracht IATA DGR als „Gefahrgut“ eingestuft und entsprechend zu behandeln. Die Akkus selbst dürfen nicht „voll geladen“ verschickt werden.
Dies gilt aber nur für Firmen! Privatkunden können allerdings trotzdem Schwierigkeiten bekommen wenn Sie solche Gefahrgutklassen per UPS oder DHL verschicken wollen.

Lithium Fertigsysteme (Drop in) zum Tausch

Zum Vergleich habe ich hier einige gängige Li-Untersitzbatterien mit ca. 100 Ah Kapazität in alphabetischer Reihenfolge aufgeführt. Die Zusammenstellung der technischen Daten habe ich zur besseren Übersichtlichkeit und Vergleichbarkeit durch Nachfragen ergänzt und vereinheitlicht dargestellt.
Aber nicht alle technischen Daten sind auf den Webseiten der Anbieter sauber und vollständig aufgeführt, außerdem unterscheiden sich manche Daten von Lieferant zu Lieferant. Auch dies ist für mich ein Vergleichskriterium: Wie lange muss ich suchen, bis ich wichtige Details finde und gibt es Unterschiede?

Wenn Sie diese Batteriesysteme in den wichtigsten Parametern „empfohlener Ladestrom" und „Dauerentladestrom" vergleichen, fällt schon auf, wie unterschiedlich die Angaben dazu sind obwohl die „gleichen" prismatischen LFP Zellen verwendet werden. Ein größerer Dauerentladestrom weist aber leider nicht unbedingt auf ein besser gekühltes, stärkeres BMS Modul hin und ein Ladetemperaturbereich unter 0°C nicht unbedingt auf eine automatische Ladestrom-begrenzung oder gar eine Heizung. Auch die empfohlenen Ladeströme differieren oft zu den Empfehlungen (0,3 bis 0,5C) der Zellenhersteller.
Der Akkusatz von FraRon ist übrigens als einziger mit robusten LiFe**Y**PO4 Zellen bestückt, daher wesentlich hochstrom- und temperaturfester.

Von einigen Händlern wird für ein Batteriepack mit kompletter Erstladung und Zellbalancing ein Aufpreis verlangt. Allerdings darf eine Lithiumbatterie nicht voll geladen verschickt werden. Die meisten werden nur mit ca. 30% SoC verschickt. Sie müssen dann vom Kunden im Fahrzeug unter ungeeigneten Bedingungen nach dem Motto „das gibt sich schon, wenn Sie eine Weile damit fahren" vollgeladen werden!

Deshalb gibt es vor dem Kauf doch einige Fragen, die der Lieferant am Besten schriftlich beantworten sollte, wie z.B.

- Wurden vor der Auslieferung alle Zellen vollgeladen und bis zu Ende balanciert?
- Wo ist der Temperatursensor für die Temperaturüberwachung des Ladestroms eigentlich montiert? Auf der warmen BMS Platine, zwischen den Zellblöcken oder an einem der Zellpole?
- Und wird bei Unterschreitung der Temperatur der Ladestrom kontinuierlich abgeregelt oder wird die Batterie einfach brutal abgeschaltet?
- Die Angabe „max. Entladestrom 300A" bei einer 100 Ah Batterie sollte hinterfragt werden! Nicht die Stromentnahme aus den Zellen sondern der Stromfluss über das BMS ist entscheidend (siehe dynamischer Anlaufstrom).

Übrigens: Das interne BMS, der Top Level Balancerstrom und das immer bereite Bluetooth Modul sind natürlich stille Verbraucher, die schnell bei 0,08A liegen können! Ströme unter 0,2-0,5A werden vom internen Batteriecomputer meist noch nicht erfasst und von den meisten Apps erst ab 1,4 bis 2A angezeigt.

Dinge, die man beim 1:1 Austausch beachten sollte:

Ein echter „1:1 Drop in Tausch" für den problemlosen und funktionsgleichen Austausch der Bleibatterien gegen Lithium, mit Einbindung der Vielzahl vorhandenen anderen Geräte, ist schlicht nicht möglich. Aber nicht alle Punkte, die sich nicht decken, sind für „Otto Normalverbraucher bzw. seine Elektrik lebenswichtig! Man(n, Frau) sollte deshalb einige Punkte beachten bzw. hinterfragen:

- Achtung bei Truma Heizungen. Manche „Smart BMS" schalten ggf. ab, wenn kein Verbraucher > 0,5A an ist. Die Truma braucht aber Dauer 12V, ihr läuft deshalb der Fehlerspeicher voll, die Fehlermeldung E631H erscheint! Eventuell wäre Hybrid eine Lösung?
- Der Ladestrom des überwiegenden ladenden Gerätes wie Boosters/EBL/Solar sollte der 0,3C bis 0,5C Ladevorgabe der Li-Batterie entsprechen.

- Der Entladestrom sollte vom BMS nicht unnötig begrenzt werden. Eine Kapazität von 100 Ah und ein Dauerentlade-strom von 100 A passen aber nicht zusammen. Hubstützen und WR streiken da beim Anlaufen oft.
- Beim Anschluss von Klimaanlagen sollte man beachten, dass beim Anlauf der Strombedarf des Kompressors für ca. 100 ms bis um das 5,5 fache höher ist als der Betriebsstrom. Das BMS muss für diese Zeitspanne diesen Strom zur Verfügung stellen können.
- Für Wintercamper ist wichtig zu wissen, dass manche Lithium Batterien unter +10°C nicht geladen werden dürfen bzw. können, und auch bei LiFe**Y**PO_4 Batterien bei Minusgraden der Ladestrom reduziert werden muss.
- Hat der Akku Rundpole für die herkömmlichen Batterie-klemmen oder M6/8 Flachpolanschluss (Rundösen)?
- Das EBL/Ladegerät/Solarregler muss die richtige Umschaltspannung (ab 13 V) von Erhaltungsladung zu Hauptladung kennen. Einige Lader schalten zu spät zu, und die Batterie wird nie voll. Auch der Tiefentladungsalarm, eingestellt auf Blei, wird bei Lithium nicht warnen.
- Bei Solaranlagen gibt es Regler, die bei OVP die Systemspannung verlieren und beim Wiederanlauf wg. falscher Reihenfolge auf 24V Betrieb gehen.
- Die verlegte Sicherungs- bzw. Kabelstärke muss ggf. verstärkt werden.

Sie sehen, es gibt **vor** dem Kauf doch einiges zu beachten!

Und nun zu Vergleichsangeboten für 100Ah/12V Akkus.
Bei der Recherche zu diesem Buch habe ich auch die Hersteller anderer Fertigsysteme kontaktiert, um Details zu Zellen, BMS Typ, Balancern, Lademethoden und Bluetooth Sicherheit zu bekommen. Leider standen diese nicht alle in den veröffentlichten Datenblätter.
Für den Vergleich habe ich 100Ah Akkus gewählt, weil eine 90Ah Bleibatterie leider immer noch die Standardausrüstung der meisten Wohnmobile ist. Bei allen Akkus handelt es sich um LiFePO4 Zellen, allerdings habe ich keine Akkus mit Pouch Zellen in die Liste aufgenommen.
In den Batteriesystemen von Büttner, Forster. Victron, Voltcraft oder WCS werkeln lt. deren Angaben BMS Systeme aus „eigener“ Entwicklung. Darüber allerdings Daten zu bekommen ist leider so gut wie unmöglich. Interessanter Weise arbeiten die Li-Batterien dieser Firmen nicht mit Bluetooth Verbindungen, sondern entweder mit einer eigen entwickelten Netzstruktur oder mit schlichten Drahtverbindungen. Eine sichere Lösung gegen Fremdeingriffe.

Und jetzt mal beispielhaft einige Produkte alphabetischer Reihenfolge die der **europäische Markt** im Bereich Lithium Komplettbatterien **im Bereich 100 Ah** mit Stand 10/23 so her gibt. Die Zellen selbst sind vermutlich aber allesamt aus chinesischer Produktion.
Alle technischen Daten beziehen sich auf die deutschen Produktseiten der Hersteller im Internet und auf deren telefonischen Angaben mit Stand Okt. 2023.

Achtung: Bewerten Sie alle Angaben von Lieferanten wie “Temperaturbereich Ladung -20°C bis 65°C“ als Übersetzungsfehler oder übertreibende Marketingangabe, solange Ihnen keine Datenblätter des Zellenherstellers vorliegen.
Allerdings gibt es inzwischen auch Li-Batterien (z.B. BullTron Polar, Liontron Arktic, Robur, Wattstunde), die bei Temperaturen unter +10°C beheizt werden. Der Strom dafür wird der Ladequelle entnommen, die Zellen auf über +10°C aufgewärmt und erst dann beginnt das Laden der Li-Zellen. Steht keine aktive bzw. potente Ladequelle (5A) zur Verfügung wird auch nicht geheizt!

BullTron
Abschaltung der Ladung bei Temperaturen unter 0°C
aktiver Balancer 5A bei Ladung, Entladung und Stand By.
Verschraubtes Gehäuse und Zellen, +App Mehrbatt. Anzeige
Support erreichbar und gut

Technische Daten:

Zellen	prism. Zellen, LFP, Pole verschraubt
Nennkapazität	**105Ah** / 1280Wh
Arbeitsspannungsbereich	11.0... 14.6 V
Nennspannung	12.8 V
Zyklenlebensdauer	7000 bei 80% DOD
Ladecharakteristik	IUoU, wie ,Bleibatterien
Ladeschlussspannung	14.2 - 14.6V
Empfohlener Ladestrom	**50A**
Max. Ladestrom	100A
Dauer Entladestrom	**150A**
Max. Entladestrom	300A
BMS	DALY, integriert, **150A**, Bt 4.0
Apps von	DALY, BullTron
Parameterschutz	Herst. PW, nur Herst. App
Balancing	aktiv Lad./Entlad, I_{Bal} bis 5A
Verschaltung	Parallel ja, Serie nein
Einbaulage / Schutzart	Stehend oder liegend, IP65
Temperatur (Entladung)	-20°C .. +60°C
Temperatur (Ladung)*	**0°C .. +55°C** (lt.Batt.Aufkleber)
Temperatur (Lagerung)	-20°C .. +60°C
Anschluss	konischer Rundpol, rechts
Gewicht / Bodenleiste unten	10 kg / ja
Abmessungen (LxBxH)	279x175x189 mm, H6
Garantie/Gewährleistung	5 Jahre

http://www.bulltron.de/produkte/lifepo4-12-v-105ah

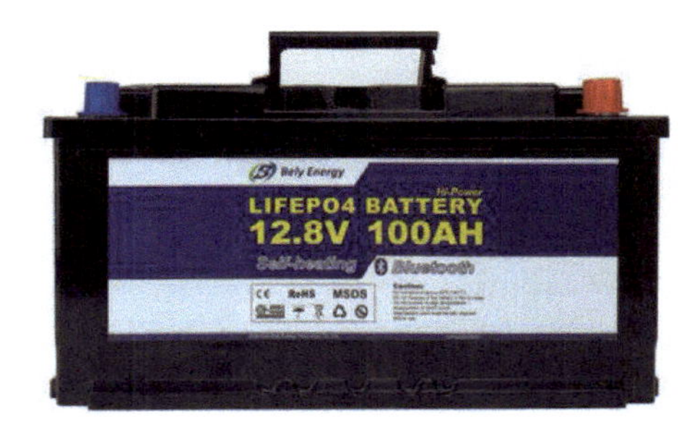

Bely
Im Längseinbau passen zwei unter den Ducatositz. Akkupack mit Heizung
Grausliche Übersetzung der Techn. Daten! Deutsche Webseite, aber Lieferung aus China

Technische Daten:

Zellen	prism. Zellen LFP
Nennkapazität	**100Ah**
Arbeitsspannungsbereich	10-14,6V
Nennspannung	12.8 V
Zyklenlebensdauer	3000 bei 90% DOD
Ladecharakteristik	Li Ladung
Ladeschlussspannung	14,4V
Empfohlener Ladestrom	**50A**
Max. Ladestrom	80A
Dauer Entladestrom	**100 A** (bei 0,2C)
Max. Entladestrom<25 sec	150A
BMS	JBD, Bt 4.0
Apps von	JBD, Overkill, Bely, Carplounge
Parameterschutz	kein ext. Zugriff
Balancing	k.A
Verschaltung	Parallel und in Serie
Einbaulage / Schutzart	stehend/liegend, IP ??
Temperatur (Entladung)	-20°C .. +60°C
Temperatur (Ladung)*	**0°C .. +55°C**
Temperatur (Lagerung)	-20°C +60°C
Anschluss	Rundpol, rechts
Gewicht / Bodenleiste unten	12 kg
Abmessungen (LxBxH)	355x175x190mm, H8
Garantie/Gewährleistung	k.A.

https://german.belybattery.com/sale-13766739-power-wall-12v-100ah-rechargeable-lifepo4-battery-bluetooth-heating-100-dod.html

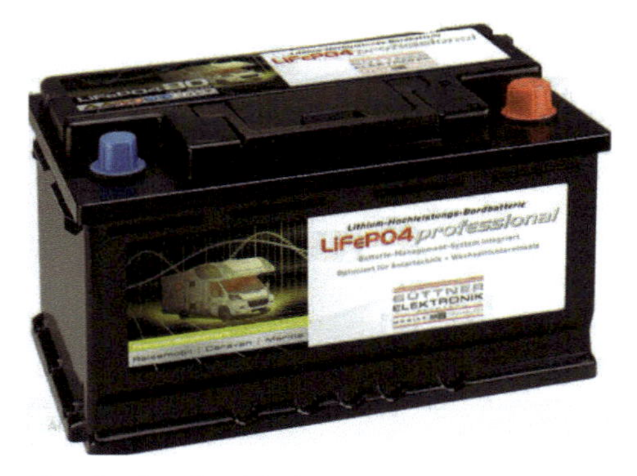

Büttner MT
ext. Anschuss von Büttner Ladegeräten an internen Temp. Sensor möglich.
Sieger PM 2019 in Hochstromentnahme und Temp. Mngt.
Support erreichbar und gut
App Mehrbatt. Anzeige

Technische Daten:	
Zellen	Rundzellen LFP
Nennkapazität	**105Ah**
Arbeitsspannungsbereich	k.A.
Nennspannung	12.8 V
Zyklenlebensdauer	2000 bei 100% DOD
Ladecharakteristik	IUoU
Ladeschlussspannung	14,4V
Empfohlener Ladestrom	**25A**
Max. Ladestrom	100A
Dauer Entladestrom	**160 A**
Max. Entladestrom<5 sec	300A
BMS	Eigenkonzept, kein Bt
App von:	Büttner, Multi Batt
Parameterschutz	kein ext. Zugriff
Balancing	k.A
Verschaltung	Parallel und in Serie
Einbaulage / Schutzart	stehend/liegend, IP ??
Temperatur (Entladung)	-20°C +60°C
Temperatur (Ladung)*	**0°C .. +45°C**
Temperatur (Lagerung)	-20°C .. +60°C
Anschluss	Rundpol, rechts
Gewicht / Bodenleiste unten	12 kg / ja
Abmessungen (LxBxH)	353x175x190 mm, H8
Garantie/Gewährleistung	gesetzl. Gewährleistung

https://www.buettner-elektronik.de/produkte/batterien/produkt/show/mt-lithium-power-batterien.html

CarBest (Reimo)
Achtung: Für diese Batterie gibt es viele Lieferanten. Die technischen Angaben dieser Lieferanten unterscheiden sich erheblich.

Support von Reimo??
Differierente techn. Angaben

Technische Daten:

Zellen	prism. Zellen, LFP
Nennkapazität	**100Ah**
Arbeitsspannungsbereich	11,0 - 14,6V
Nennspannung	12,8V
Zyklenlebensdauer	≥2000 bei 100% DoD, 0,2C
Ladecharakteristik	IUoU / CC/CV
Ladeschlussspannung	14,6V
Empfohlener Ladestrom	**20A**
Max. Ladestrom	??A.
Dauer Entladestrom	**80A.**
Max. Entladestrom	160A
BMS	integriert, LED Anzeige, BT
App von:	k.A.??
Parameterschutz	k.A.??
Balancing	integriert, Art??
Verschaltung	Parallel ?, Serie nein
Einbaulage / Schutzart	aufrecht, liegend, IP 50
Temperaturbereich (Entladung)	-20°C .. +60°C
Temperaturbereich (Ladung)	**0°C .. +45°C**
Temperaturbereich (Lagerung)	0°C .. +45°C
Anschluss	Pluspol links, M8
Gewicht / Bodenleiste unten	12 kg / nein
Abmessungen:(L x B x H):	307x168x211 mm
Garantie/Gewährleistung	gesetzl. Gewährleistung

https://www.reimo.com/camping-shop/solaranlagen/solaranlage-boote/38729/p-carbest-lithium-batterie-li100bt-mit-bluetooth-technologie/p-p-br/p?number=81413

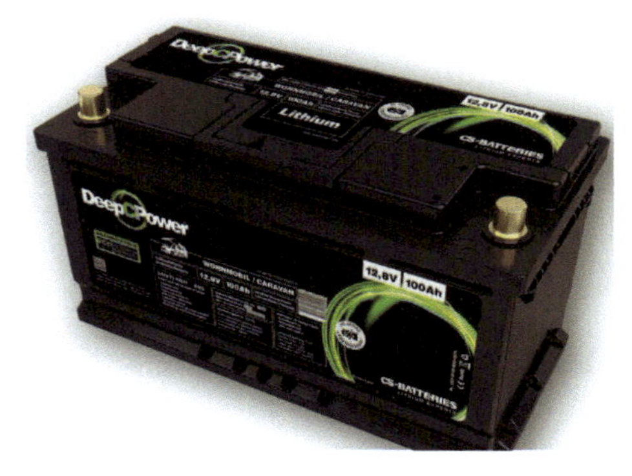

CS Batteries
Aktiver Balancer, Temperaturfühler an Balancer & Zellen, Ladesteuerung ab 0°C Zelltemperatur. Spez. Größen für Ducato, VW T6, Morelo, Concord, Phönix.
Support kaum zu erreichen!
Ein Vergleich der techn. Angaben von CS mit Ective, Forster und Wattstunde ist bestimmt interessant.

Technische Daten:

Zellen:	Prism Zellen von BCC123
Nennkapazität:	**100Ah**
Arbeitsspannung:	9,2 - 14,4V
Nennspannung	12,8V
Zyklenlebensdauer	3000 bei 90% DoD
Ladecharakteristik:	CCCV / IU / IUoU
Ladeschlussspannung:	14,6V
Ladestrom max. Lebensdauer:	**33A** / 0,33C
Maximaler Ladestrom:	100A / 1C
Dauer-Entladestrom:	**200A**
Spitzenentladestrom (3-5 sec.):	400A
Entladeschlussspannung:	9,2V
Temperaturbereich (Ladung):	**0°C bis +50°C**
BMS:	integriert, kein Bt
App von:	kein BT
Parameterschutz	kein ext. Zugriff
Balancing	ja, aktiver Balancer
Verschaltung	beliebig, Parallel/Reihe
Einbaulage / Schutzart	beliebig, IP ??
Anschluss:	M8 & Kfz-Polanschlüsse (SAE)
Gewicht / Bodenleiste unten:	10,5kg / ja
Abmaße (LxBxH):	355x175x188 mm, H8
Garantie/Gewährleistung	7 Jahre

https://cs-batteries.de/Lithium-LiFePO4-Caravan-Wohnmobil-Batterie-12V-100Ah

Ective
Wenig Angaben zu Art der Zellen und Art der Balancer, mit Zusatz LT bis -30°C ??, wie?
Ein Vergleich der techn. Angaben von CS, Ective, Wattstunde ist bestimmt interessant.
Support: k.A.

Technische Daten:	
Zellen:	k. A
Nennkapazität:	**100Ah**
Arbeitsspannung:	k. A
Nennspannung	12 V
Zyklenlebensdauer	2000 bei 100% DoD
Ladecharakteristik:	k. A
Ladeschlussspannung:	14,6V
Ladestrom max. Lebensdauer:	**60A**
Maximaler Ladestrom:	100A / 1C
Dauer-Entladestrom:	**100A**
Spitzenentladestrom (5-10 sec.):	200 A
Entladeschlussspannung:	k. A
Temperaturbereich (Ladung):	**0°C bis +45°C**
BMS:	integriert, Bt
App von:	k.A.
Parameterschutz	kein ext. Zugriff
Balancing	k. A
Verschaltung	4x Parallel oder in Reihe
Einbaulage / Schutzart	beliebig, IP ??
Anschluss:	Plus rechts, M8 Innengewinde
Gewicht / Bodenleiste unten:	12,5kg / ja
Abmaße (LxBxH):	308x174x191 mm,
Garantie/Gewährleistung	gesetzl. Gewährleistung

https://www.ective.de/ECTIVE-LC-100-LT-12V-LiFePO4-Lithium-Versorgungsbatteriehttps://www.ective.de/

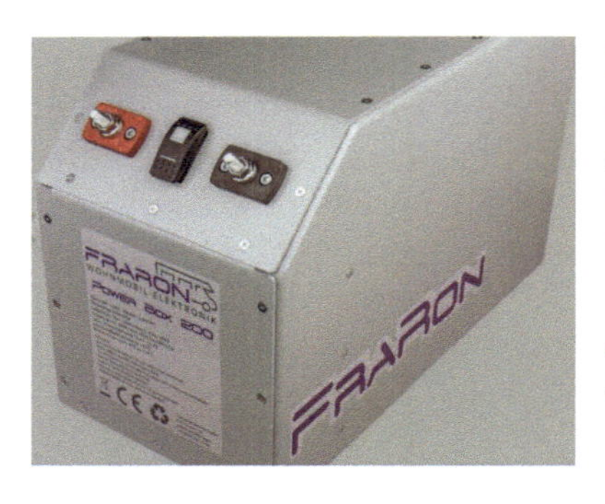

FraRon LiFeYPO4
Ein, gegen Kälte unem-pfindlicheres Akkupack im Alu-Metallgehäuse.
Keine Bt Anbindung, BC extra
Inkl. Haltewinkel

Achtung 200 Ah, aber LiFeYPO4!
Support erreichbar

Technische Daten:

Zellen	Winston Zellen, LFYP
Nennkapazität bei 25°C:	**200Ah** (Entladestrom ≤1C)
Nennspannung:	12 Volt
Betriebsbereich:	11,2 - 15,2V DC
Ladespannungen:	14V und 15,2V (14,6V optimal)
Ladezyklen:	3.000 bei 80% Entladetiefe
Ladestrom:	max. 300A, normal ~ 100A
Dauer Entladestrom:	**300A,** 500A (5 Sek.)
BMS	integriert, LED Anzeige
App von:	kein BT
Parameterschutz	kein Zugriff
Balancing	Einzelzellen, bei Lad. Top Bal.
Verschaltung	Parallel ja, Serie nein
Einbaulage / Schutzart	k.A.
Selbstentladung bei 25°C	3% üb. 6 Mon. bei 90% SoC
Übertemperaturschutzsabschaltung:	>60°C ±5°C
Betriebstemperaturbereich:	**-25°C bis +50°C**
Lagertemperatur:	-40°C bis +60°C
Batterieanschluß	Gewindebolzen M10
Gewicht / Bodenleiste unten	40kg / nein, Winkel beigefügt
Abmessungen (L x B x H):	460x230x310 mm
Garantie/Gewährleistung	gesetzl. Gewährleistung

https://www.fraron.de/versorgungsbatterien/lithium-batterien/200ah-lithium-batterie-12v-2-64kwh-lifeypo4-mit-integriertem-batteriemanagementsystem/a-85858871/https://www.fraron.de/versorgungsbatterien/

Forster
Auch in Ausführung mit Heizmatten.
Unterschiedliche Ausführung der Batt.Pole: Kfz Konus, M8 Innengewinde.

Support nicht getestet

Technische Daten:	
Zellen	prism. Zellen, LFP
Nennkapazität	**100Ah**
Arbeitsspannungsbereich	11,0 - 14,6V
Nennspannung	12,8V
Zyklenlebensdauer	≥3000 bei 90% DoD
Ladecharakteristik	CCCV / IU / IUoU / Blei-Säure
Ladeschlussspannung	14,2–14,6V
Erhaltungsladung	13,3–13,8V
Max. Ladestrom	100A für 60Min
Empf. Ladestrom	50A
Dauer Entladestrom ^	**100A**
Max. Entladestrom (≤10Sek.)	350A
BMS	integriert, eigenes BMS, Bt,
App von:	Hersteller
Parameterschutz	eigene Herst. App
Balancing	integriert, akives Bal.
Verschaltung	Parallel ja, Serie ja
Einbaulage / Schutzart	beliebig!. IP54
Temperaturbereich (Entladung)	-20°C . +60°C
Temperaturbereich (Ladung)	**0°C .. +50°C**
Anschluss	KfZ Konus, vorne rechte
Gewicht / Bodenleiste unten	11,5 Kg / nein
Abmessungen (L x B x H)	355x175x190 mm, H8
Garantie/Gewährleistung	8 Jahre bei Premium Batt

https://www.forster-batteries.de/Premium-Serie

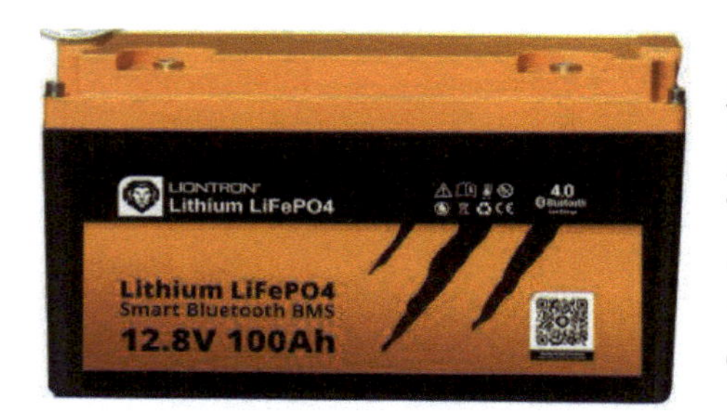

Liontron
Verschraubtes Gehäuse Upgrade auf LX Artic mit Heizung (siehe Temp. Test!).
Support erreichbar und hilfsbereit.
+App Mehrbatt Anzeige
eigene App

Technische Daten:	
Zellen	Rundzellen LFP,
Nennkapazität	**100Ah**
Arbeitsspannungsbereich	11,0 - 14,6V
Nennspannung	12,8V
Zyklenlebensdauer	≥3000 bei 90% DoD
Ladecharakteristik	CC/CV / IU
Ladeschlussspannung	14,2–14,6V
Erhaltungsladung	13,5–13,8V
Empfohlener Ladestrom	**50A**
Max. Ladestrom	150A
Dauer Entladestrom	**150A**
Max. Entladestrom (≤20Sek.)	200A
BMS	integriert JBD **120A**, Bt 4.0
App von	JBD, Liontron, Carplounge
Parameterschutz	kein Schutz, mit vielen Apps
Balancing	auf JBD, I_{Bal} 50 mA
Verschaltung	Parallel ja, Serie nein
Einbaulage / Schutzart	aufrecht, liegend, IP65
Temperaturbereich (Entladung)	-20°C . +60°C
Temperaturbereich (Ladung)	**0°C .. +45°C**
Temperaturbereich (Lagerung)	-40°C .. +60°C
Anschluss	M8, Pluspol links, versenkt!
Gewicht / Bodenleiste unten	15,5kg / nein
Abmessungen (L x B x H)	348x170x208 mm
Garantie/Gewährleistung	7 Jahre

https://liontron.com/liontron-lifepo4-lithium-akkus-12v/

Vom Handel werden auch überholte/reparierte Batterien mit Preisnachlässen angeboten. Achtung bei Balancingdifferenzen.

Robur
Im Längseinbau passen zwei unter den Ducatositz.
Akkupack mit Heizung 2x24W (siehe Temp. Test!)
Support nicht getestet
Batt. mit 100Ah nicht mehr lieferbar

Technische Daten:

Zellen:	prism. Zellen, LFP. EVE Class A
Nennkapazität	**150Ah**.
Betriebsspannung	12,8 Volt
Entladestrom	kontinuierlich max.200A
Abschaltspannung	10,0 Volt
Ladespannung	14,4 bis 14,6 Volt,
Ladestrom .	1-50A
Max. Ladestrom	150A
Lade -Charakteritik	CC/CV bzw. IU oder IUoU-Gel
BMS	integriert, JBD 200A, BT
App von:	JBD, Robur, Fernwartung
Parameterschutz	kein Zugriff
Balancing	auf JBD, I_{Bal} 150 mA
Verschaltung	Parallel ja, Serie nein
Einbaulage / Schutzart	beliebig, IP k.A.
Metallgehäuse	Pole & LED-Display Stirnseite
Gewicht / Bodenleiste unten	14,5 kg / ja
Abmessungen (L x B x H)	355x175x190 mm, H8
Garantie/Gewährleistung	5 Jahre

https://robur-akku.de/produkt/lifepo4-akku-150-ah/

Die Angaben der Robur Web-Seite und des Produktdatenblattes zu den Zellen differiert! (Beispiel Heizung,
Das BMS wurde (lt. Produktdatenblatt) speziell für die Notstromversorgung entwickelt????
Zellverbinder aus Alu

Super B

In die Sitzkonsole muss sie wegen ihrer Höhe liegend eingebaut werden. Vollautom. Heizung
Kommunikation per CANopen, LIN, CI-Bus und BT

Support nicht getestet

Technische Daten:

Zellen	prism. Zellen, LFP
Nennkapazität	**100Ah**
Arbeitsspannungsbereich	11,0 - 14,6V
Nennspannung	13,2V
Zyklenlebensdauer	≥5000 bei 100% DoD und 1C
Ladecharakteristik	CC/CV
Ladeschlussspannung	14,3–14,6V
Erhaltungsladung	13,5–13,8V
Max. Ladestrom	90A
Dauer Entladestrom	**190A**
Max. Entladestrom (≤10Sek.)	300A
BMS	integriert, BOSTec, Bt 4.0
App von	Hersteller
Parameterschutz	nur Herst. App
Balancing	integriert, von 123, I_{Bal} 1A
Verschaltung	Parallel ja, Serie nein
Einbaulage / Schutzart	aufrecht, liegend, IP56
Temperaturbereich (Entladung)	-210°C .. +650°C
Temperaturbereich (Ladung)	**-30°C .. +45°C**
Anschluss	M8, Poleanordnung diagonal
Gewicht / Bodenleiste unten	10,7 Kg / nein
Abmessungen (L x B x H)	278x175x190 mm,
Garantie/Gewährleistung	gesetzl. Gewährleistung

https://www.super-b.com/de/produkte/epsilon-12v100ah

Supervolt
Auch als „Polarversion“ mit Heizung bei >0°C
+App Anzeige: Zeit bis voll/Leer, +Mehrbatt. Anzeige
Gehäuse verschraubt
Steckb. Schalter f. An/Aus, 2x RJ45 f. BMS Update

Support freundlich, hilfsbereit

Technische Daten:

Zellen	prism. Zellen, LFP, Class A
Nennkapazität	**100Ah**
Arbeitsspannungsbereich	11,0 - 14,6V
Nennspannung	12,8V
Zyklenlebensdauer	≥3000 bei 90% DoD und 1C
Ladecharakteristik	CC/CV
Ladespannung	14,2–14,6V
Empf. Ladestrom	**50A**
Max. Ladestrom	100A
Dauer Entladestrom	**200A**
Max. Entladestrom (≤5Sek.)	400A
BMS	Eigenkonzept integriert, Bt 4.0,
App von	Hersteller
Parameterschutz	Herst. PW,
Balancing	integriert, akt. Bal., I_{Bal} 3A
Verschaltung	Parallel ja, Serie ja
Einbaulage / Schutzart	aufrecht, liegend, IP56
Temperaturbereich (Entladung)	-10°C .. +50°C
Temperaturbereich (Ladung)	**0°C .. +45°C**
Anschluss	M8, Pluspol rechts
Gewicht / Bodenleiste unten	10,9 Kg / ja
Abmessungen (L x B x H)	315x175x187 mm, H7
Garantie/Gewährleistung	5 Jahre

https://supervolt.de/lifepo4-100ah-lithium-batterie-wohnmobil-kastenwagen/

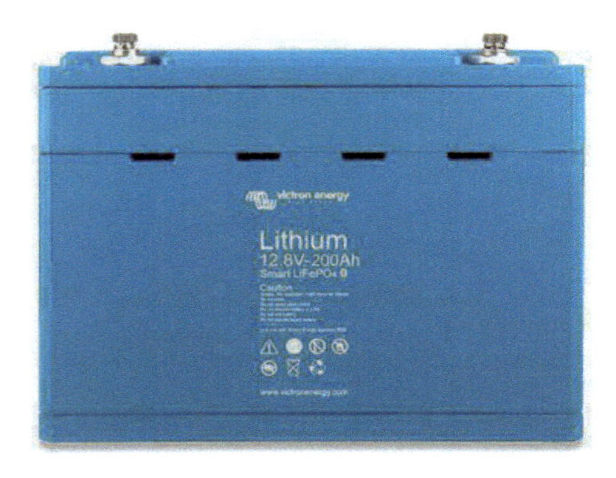

Victron
Mit eigenem smart BMS und Fernabschaltung.
Kein eingebautes Bt Modul. Anbindung via Victron Connect oder VE Bus
Zusätzl. Lynx BMS mit Laststromschalter

Support erreichbar

Technische Daten:

Zellen:	Prism. Zellen, LFP
Nennkapazität:	**100Ah**
Arbeitsspannung:	?
Nennspannung	12,8V
Zyklenlebensdauer	2500 bei 80% DoD
Ladecharakteristik:	?
Ladeschlussspannung:	14,4V
Ladestrom max. Lebensdauer:	**50A** / 0,5C
Maximaler Ladestrom:	2100A / 1C
Dauer-Entladestrom:	**100A**
Max. Entladestrom (≤??Sek.)	200A
Entladeschlussspannung:	11,2V
Temperaturbereich (Ladung):	**+5°C bis +50°C**
BMS :	Eigenkonzept integriert,
App von	Hersteller
Parameterschutz	kein ext. Zugriff
Balancing	ja,
Verschaltung	beliebig, Parallel/Reihe
Einbaulage / Schutzart	beliebig, IP22
Anschluss:	M8
Gewicht / Bodenleiste unten	14 kg / nein
Abmaße (LxBxH):	321x152x197 mm
Garantie/Gewährleistung	gesetzl. Gewährleistung

https://www.victronenergy.de/batteries/lithium-battery-12-8v#datasheet

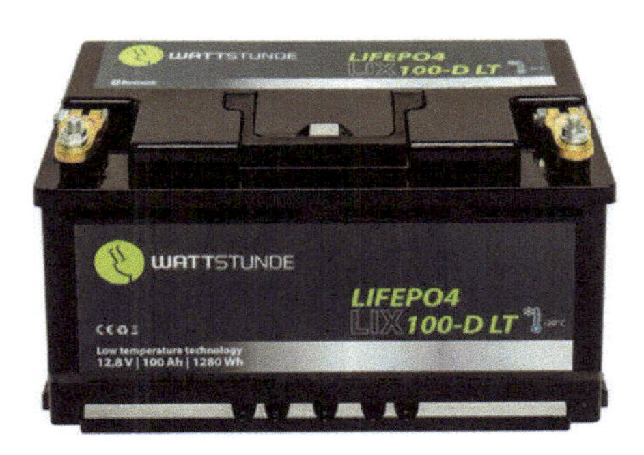

Wattstunde

Mit integrierter Heizmatte (104 W, 8 A), ein bei Ladung <-2°C (siehe Temp. Test!)

Ein Vergleich der techn. Angaben von CS, Ective, Wattstunde ist bestimmt interessant.

Support erreichbar, gut

Technische Daten:

Zellen:	Prism. Zellen, LFP
Nennkapazität:	**100Ah**
Innenwiderstand/Zelle	≥ 30 mΩ
Arbeitsspannung:	12,8
Nennspannung	12,8V
Zyklenlebensdauer	≥3000 bei 90% DoD
Ladecharakteristik:	CC, CC/CV, AGM, Gel
Ladeschlussspannung:	14,6V
Ladestrom max. Lebensdauer:	**60A** / 0,5C
Maximaler Ladestrom:	100A / 1C
Dauer-Entladestrom:	**k.A**
Max. Entladestrom (30 Min.)	100 A
Entladeschlussspannung:	11V
Temperaturbereich (Ladung):	**-0°C bis +45°C**
BMS:	integriert, Bt 4.0
App von	Hersteller
Parameterschutz	??
Balancing	ja, passiv
Verschaltung	beliebig, Parallel/Reihe
Einbaulage / Schutzart	beliebig, IP65
Anschluss:	M8, Plus rechts
Gewicht / Bodenleiste unten	12 kg / ja
Abmaße (LxBxH):	307x168x211 mm
Garantie/Gewährleistung	gesetzl. Gewährleistung

https://www.wattstunde.de/produkte/batterien/lifepo4-lix-basic-bs.html

WCS mobile Technik
Techn. Angaben dürftig, Viel Video, wenig Daten

Support bedingt erreichbar

Technische Daten:

Zellen:	Rundzellen, lt WCS 16650
Nennkapazität:	**100Ah**
Arbeitsspannung:	k.A.
Nennspannung	12,8V
Zyklenlebensdauer	≥3500 bei 80% DoD
Ladecharakteristik:	CC, CC/CV, AGM, Gel
Ladespannung:	14,4 - 14,6V
Ladestrom max. Lebensdauer:	**50A** / 0,5C
Maximaler Ladestrom:	100A / 1C
Dauer-Entladestrom (30 Min):	**150A**
Max. Entladestrom (≤3Sek.)	400A
Entladeschlussspannung:	11V
Temperaturbereich (Ladung):	**0°C bis +55°C**
BMS:	Eigenkonzept integriert, BT 4.0
App von	Hersteller
Parameterschutz	PW ??, Herst. App
Balancing	k. A.
Verschaltung	beliebig, Parallel/Reihe
Einbaulage / Schutzart	beliebig, IP56
Anschluss:	M8, Plus rechts
Gewicht / Bodenleiste unten	12,51 kg / nein
Abmaße (LxBxH):	375x175x188 mm
Garantie/Gewährleistung	5 Jahre

https://www.wcs-bedburghau.de/lithium-technology

Alle Angaben der aufgeführten Vergleichsbeispiele sind zwar sorgfältig eruiert, aber trotzdem ohne Gewähr.

Aber Achtung: Hier ein Zitat eines Herstellers von dessen Website mit einem vermeintlich günstigen Angebot:
Im Rahmen der Zweitverwertung will Liontron einen weiteren Beitrag leisten, mit den gegebenen Ressourcen nachhaltig umzugehen. Daher handelt es sich hier um generalüberholte, durch Liontron geprüfte Ware. Da sie meist Retouren oder Rückläufer (nicht balancierbare Zellen?) sind, können sie optische Mängel und Gebrauchsspuren aufweisen und haben oft auch schon einige Zyklen durchlaufen. Alle Bauteile werden vor Versand genau auf ihre technischen Funktionen und Eigenschaften geprüft.
Die „Zweitverwertung im Rahmen der Nachhaltigkeit" gilt also nicht nur für Einzelzellen sondern auch für Komplettakkus.

Smart BMS und Apps bei „Drop in" Batterien

Vom Smartphone her ist man es gewohnt, dass man für alles und jedes eine App herunter laden kann. Die offiziellen Apps für die jeweils verbauten BMS Systeme mit eventuell lieferantenspezifischen Änderungen und für die jeweiligen Smartphones, können Sie aus den entsprechenden App Stores herunter laden. Lithium Batteriesysteme im Wohnmobilbereich sind allerdings jetzt nicht die Millionen starke Zielgruppe, die Apps sind also meist vom Hersteller der BMS. Damit ist die Programmierung und Beschreibung im Ursprung meist chinesisch. Die daraus erstellten Übersetzungen, erst englisch dann deutsch, sind ungenau bis stark fehlerhaft, das sollte man im Hinterkopf behalten.
Die jeweiligen Batteriehersteller ändern dann ggf. die Oberfläche (Skin) auf ihr Logo, lassen ein paar Parameterfelder weg oder fügen welche hinzu und schon ist es eine „Fa. ABC" App. Die Parameter selbst liegen in der Hardware des BMS, die App dient nur zur grafischen Darstellung der Werte und ggf. für Änderungen. Dazu ein Zitat eines IOS App Entwicklers:
"Die Zyklenanzahl wie auch alle andere Werte werden aus dem BMS ausgelesen und 1:1 angezeigt. In der App selbst wird nichts gerechnet. Allerdings entspricht der angezeigte Wert nicht immer der geschätzten Zyklenanzahl. Die Logik ist aber in der Firmware des BMS integriert - man müsste beim Hersteller nachfragen wie er einen Zyklus berechnet."

Eine Zyklusberechnung in einem JBD BMS für eine Antriebsbatterie eines eRollers erfolgt deshalb ganz sicherlich nach anderen Parametern als für eine zyklische Versorgerbatterie im Wohnmobil.
Aufgrund einiger gravierend funktioneller Unterschiede im Betriebssystem IOS und Android, sind auch die Apps auf den Smartphones selbst bei gleichem BMS unterschiedlich.
Und Achtung: Apps für IPhon sind anders aufgebaut als Apps für den IPad und zeigen u.U. falsche Parameter.
Bei vielen Selbstbauern wird das JBD BMS wegen der vielfältigen Einstellmöglichkeiten per App oft als „besser" bezeichnet. Das DALY BMS hat über die App wesentlich weniger Parametermöglichkeiten. Viele ungeschützte Einstellmöglichkeiten sind aber für „Nicht-Batterie-Kenner" ein zweischneidiges Schwert.
Für beide BMS gibt es aber kabelgebundene Tools, mit denen die Batteriehersteller oder Kenner der Materie auf alle Einstellungen zugreifen können.

Der Aufbau und die Bluetooth Verbindung selbst sind relativ einfach gestrickt. Eine mit Bluetooth funkende Batterie ist für jedes Smartphone sichtbar (Name: z.B. Liontron oder Xiaoxiang) und ohne Zugriffschutz auch manipulierbar.
Kein Pairing erfordert einen änderbaren Code, es ist keine Kopplung notwendig, deshalb kann jeder mit einer „irgendwo herunter geladenen" App auf das BMS zugreifen, auch wenn Ihre herstellereigene App dies nicht erlaubt oder ein Passwort abfragt!
Ein Punkt ist deshalb die **Zugriffssicherheit** des Bluetooth Moduls. Strukturell bedingt ist es zwar möglich, eine App für IOS bzw. deren Zugriff auf ein Bt 4.0 Modul wesentlich sicherer zu gestalten als eine Android App. Ob dies auch getan wird steht allerdings auf einem anderen Blatt.
Wenn man also sicher verhindern möchte, dass ein anderer BMS App Anwender das eigene Li-Batteriesystem manipulieren möchte ist es u.U. möglich, über einen herausgeführten Ausschalter, die +12V Versorgung des Bt-Moduls zu unterbrechen. Voraussetzung dafür ist allerdings, dass man das Batteriegehäuse öffnen kann und darf. Eine Möglichkeit ohne Öffnen ist: Man stülpt der Batterie einen „Aluhut" aus mehreren Lagen Alufolie über. Das schwächt sowohl bei „Querdenkern" als auch bei BT Modulen die Empfangsbereitschaft.

Ein weiteres Thema ist die **Qualität der Bt Verbindung** selbst. Die Datenübertragung ist bitfehlerkorrigiert. Fehlerhaft empfangene Daten können vom Empfänger (App oder BMS) zur Korrektur nochmals abgefragt werden, was aber zu einer Zeitverzögerung in der Verarbeitung führt. Bricht man dann aus Ungeduld ab, werden die Daten nicht fertig geschrieben, und es gibt falsche oder keine Eintragungen. Ist man zu weit weg (> 8-10m) bricht die Übertragung ab.

Übrigens: Für manche Apps muss die „Standortermittlung" in den Smartphone Einstellungen aktiviert sein, sonst funktioniert die Bluetooth Batteriesuche nicht.

Wenn Sie glauben, die eingestellten Parameter unbedingt ändern zu müssen, hier eine kleine Hilfestellung für eine sichere Durchführung von Änderungen:

- Starten Sie die App und gehen auf „Einstellung" BMS.
- Übertragen Sie die Einstellungen auf das Smartphone.
- Ändern Sie nur Einstellungen deren Sinn Sie kennen.
- Dokumentieren Sie die geänderten Werte, damit Sie ein anderes Verhalten später noch nachvollziehen können!
- Speichern Sie jede geänderte App Seite wieder in das BMS zurück.
- Rufen Sie die geänderten Einstellungen wieder aus dem BMS aus und kontrollieren Sie den geänderten Eintrag.
- Trennen Sie die Verbindung zum BMS, starten Sie die App neu und lesen die Daten zur Kontrolle nochmals aus.

Durch das Zwischenspeichern ist auch bei einem Verbindungsabbruch gewährleistet, dass die Daten vorher zurückgeschrieben wurden.

Und Achtung: Achten Sie sowohl bei der Wahl fertiger Systeme als auch beim Selbstbau auf das Gehäusematerial. Stahlblech und Alu schirmen den Bluetooth Funkverkehr zu ihrem Smartphone drastisch ab. Auch der Einbau in ein Staufach bei Bus oder vollintegrierten Wohnmobilen ist deshalb für die BT-Verbindung nicht unproblematisch.

Lithium zusammen mit einer AGM als Hybridsystem

Der nächste Schritt wäre die vorhandene Blei AGM Batterie mit einer „Drop in“ Batterie zusammen zu schalten. Batterien unterschiedlicher Technologie oder Kapazität sollte man eigentlich nicht zusammenschalten wenn man die Kapazität verdoppeln möchte. Die Fa. Hymer, bzw. die Fa. BOS machen aber genau dies mit dem „Hymer Smart Batterie System“. Hier werden zwei AGM Batterien (je 95 Ah) mit einem Block Hy-Tec-Lithium Zellen (6x25,6 Ah/12V, jeweils inkl. BOS BMS) gemeinsam an einem Schaudt EBL zu einem 230 Ah System (netto) gekoppelt.

Auch von der Fa. Büttner MT wird ein Hybridsystem angeboten. Der Hybridsatz besteht aus einer Li-Batterie, einer Hochlastsicherung, einem Hall Sensor zur Strommessung und einem MT iQ Control Batteriecomputer. Dieser übernimmt die Kommunikation mit der Li-Batterie und die Steuerung der beiden Batterien in Bezug auf eine Lade- bzw. Entladepriorisierung. Die Nettokapazitäten beider Batterien werden dort hinterlegt, der Einzel- und der Gesamt SoC dieses Systems können am BC abgefragt werden. Auch viele Wohnmobilnutzer haben dies im Selbstbau realisiert und fahren damit seit Jahren Sommer wie Winter in den Urlaub.

Warum wird das gemacht? Was sind die Hintergründe und wie wird das realisiert?

Die beiden Ladeschlussspannungen sind ja annähernd gleich (AGM1 bei 14,3V, Li 14,4 V). Die Ladegeräte stellt man am besten auf Blei/nass oder AGM1, eine Li Einstellung ist für die Bleibatterie nicht zu empfehlen.

Der Grundsatz „gleiche Ladespannung, gleiche Kapazität“ gilt für Bleibatterien, denn hier möchte man gleichzeitig einen gleich großen Lade/Entladestrom aus den Batterien. Mit einer Li/Pb Hybridkombination möchte man aber genau dieses unterschiedliche „Spannung zu SoC“ Verhältnis für Ladung/Entladung ausnutzen.

Die Li-Batterie wird immer als erstes entladen, denn sie hat die höchste Quellenspannung. Wenn die Spannung im Bordnetz auf unter 12,8 Volt absinkt, ist der Li-Akku fast leer. Dann ist die Zeit der Bleibatterie gekommen.

Bei 12,8 Volt ist eine „gesunde“ Bleibatterie in der Regel noch mindestens zu 80% Prozent geladen. Und jetzt beginnt die Bleibatterie Strom abzugeben.

Natürlich gibt es über den ganzen Zeitraum einen Ladungsausgleich zwischen den Batterien, aber dem Verbraucher ist es egal, ob der Strom zuerst von der Blei- in die Lithiumbatterie geht und dann erst zu ihm kommt.
Bei der Ladung geht es dann umgekehrt. Durch die niedrige Quellenspannung der leeren Bleibatterie von vielleicht 11,8V, wird zuerst die Bleibatterie geladen und der Lithiumblock nimmt dann erst ab 12,8V (80% Ladung Bleibatterie) wieder nennenswerten Strom auf. Will man tiefer einsteigen, muss man die Lade- und Entladekurven von Blei- und Lithiumbatterien vergleichen. (Siehe Umbau auf Li/Pb Hybrid). Bei der Ladung wird zuerst die Bleibatterie geladen bevorzugt, da ihr Ladespannungslevel wesentlich niedriger liegt. Damit kann man bei Frost der Lithiumbatterie eine Aufwärmzeit geben und seine Bleibatterie zum Betrieb trotzdem laden.

Das war generell gesprochen und die reine Lehre. In der Praxis fließen natürlich, wie bei allen parallel geschalteten Batterien, Ausgleichsströme. Wird in einer Li/Pb Hybridschaltung geladen oder entladen, darf man sich das nicht als „Entweder-Oder" vorstellen, sondern als Teilstrom Lithium und als Teilstrom Blei, die zu unterschiedlichen Zeiten unterschiedlich groß sind. Mehr dazu mit Diagrammen im Kapitel „Umbau auf Li/Pb Hybrid".

Aus dem folgenden Diagram (Quelle Prospekt BOS LE300) kann man entnehmen, dass aufgrund des niedrigeren Innenwiderstandes, zumeist die Lithiumbatterie entladen wird. Bei starken Stromspitzen greift die Bleibatterie unterstützend ein.

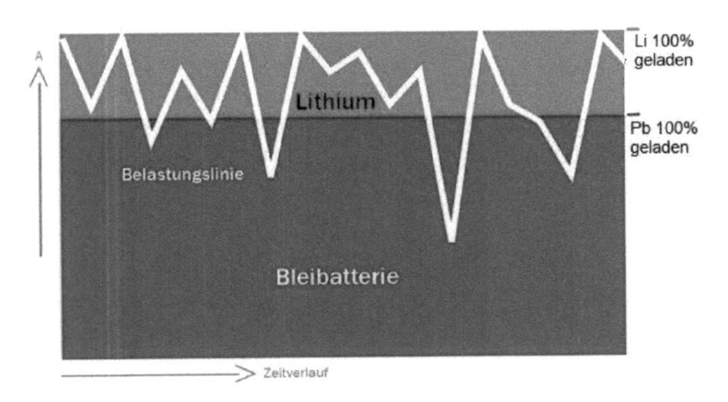

Die Ladekurve ist leider nicht eingezeichnet. Aber aufgrund der niedrigeren Quellenspannung der Bleibatterie wird zuerst die Bleibatterie geladen und dann die Li-Batterie.

An dieser Kurve sieht man deutlich das dies kein „entweder – oder“ Vorgang ist.
Aufgrund der Zusammenschaltung unterschiedlicher Batterietypen bei gleicher Ladespannung (ca. 14,4V), kann man, bei genügend Ladezeit beide Batterien auf ca. 100% SoC laden.
Im Gegensatz zu einem reinen Smart BMS Lithiumsystem, werden hohe Stromspitzen durch die Bleibatterie abgepuffert. Da das Smart BMS auf Abschaltung ab einem bestimmten Entladestrom (Kurzschluss) programmiert ist, kann diese Schutzabschaltung auch ansprechen, wenn ein Wechselrichter, eine Klimaanlage oder eine Hubstützenanlage kurzfristig einen sehr hohen Anlaufstrom fordern. Hier kann die parallel geschaltete Pb-Batterie das BMS der Li-Batterie entlasten. In der Winterpause übernimmt die Lithiumbatterie sogar automatisch die Erhaltungsladung für die Blei-Schwester. Man kombiniert also die Vorteile der Lithiumbatterie (hohe Stromentnahme bei relatic konstanter Spannung, hohe Zyklenzahl, Spannungsniveau oberhalb Blei) mit denen der Bleibatterie (tieftemperaturfest, robust, keine Schutzschaltungen, kostengünstiger Ah/€).

Aber es gibt auch Nachteile:
Der Li interne BMS Batteriecomputer erfasst natürlich weder Kapazität noch Ströme in und aus der Bleibatterie. Ich sehe das allerdings entspannt, die Lithium zeigt ihre Ladung an, aus der Bleibatterie fließt bei starker Entladung der Li ein Unterstützungsstrom. Was dann noch in der Bleibatterie ist, definiere ich als Notreserve. Anwender, die auf die Amperestunde genau wissen möchten was in ihrem Batterie-Hybrid-Verbund gespeichert ist, müssen für einen Gesamtüberblick einen externen Batteriecomputer separat in die abgehende Hauptleitung klemmen.
Beim Einsatz von passiven Top-Level Balancern muss eventuell dessen Einsatzschwelle etwas tiefer eingestellt werden, da die vorgesehene Ladespannung von 14,4V u.U. im Li/AGM Verbund nicht immer erreicht wird.

Die Vorteile aus meiner Sicht einmal zusammengefasst:

- Bei der ganzen Diskussion um die Li Temperaturproblematik und ggf. Ladungsabschaltung wird ein Problem leider nie angesprochen, nämlich:

Die Ladung der ggf. teilentladenen Li-Batterie bei Frosttemperaturen direkt nach dem Losfahren. Die eingebaute Lade- oder auch Entladesperre bei Temperaturen unter +10°C verhindert die Ladung, bis sich die Li-Batterie erwärmt hat. Diese Zeit überbrückt bei einer Hybridlösung die Bleibatterie.

- Bei heutigen Fahrzeugen liefert die LiMa bei 0°C ca. 14,8V (Temperaturkompensation), und damit besteht die Möglichkeit eines OVP Falles für die Lithiumbatterie. Der kann ruhig eintreten, die AGM wird ja weiter geladen und liefert auch weiter!!
- Mit einer Hybridlösung kann man die Vorteile der Li genießen (Gewichtseinsparung, Strom ohne Spannungseinbruch, höher Nettokapazität bei gleichem Platzbedarf) und mit den Vorteilen einer Bleibatterie (liefert und lädt auch bei Temperaturen unter +10°C und kein BMS bemuttert sie) verbinden.
- Die Bleibatterie puffert Einschaltstromspitzen (WR, Klimaanlage), die bei einigen eng eingestellten BMS (kurze JBDs) für Abschaltungen sorgen.
- Für eventuelle Probleme mit dem Li-BMS habe ich mit der parallel geschalteten Bleibatterie ein Notsystem bzw. eine Ausfallsicherung!
- Wenn die übernommene Blei-Ladeelektronik für die Li-Batterie zickt, z.B. Solarregler, kein Umschalten aus Float in Charge, weil Spannungsunterschied zu gering, übernimmt die AGM die Versorgung. Wenn dann die Bleibatterie auch leer ist, wird die UVP-Alarmgrenze von ELB ansprechen.
- Keine UVP Abschaltung und manueller Reset im CP/EBL weil die Lithiumbatterie wg. einer Untertemperaturerkennung (UT) abgeschaltet hat.
- In der Winterpause sorgt die Li-Batterie für die Erhaltungsladung der Pb-Batterie.

Übrigens: Forscher der RWTH Aachen bauen zur Zeit an Hybridsystemen aus Blei-Säure-Batterien, Blei-Gel-Batterien, Lithium-Manganoxid (LMO) und auch Lithium-Eisenphosphat (LFP), um das Zusammenspiel zu erforschen und BMS Systeme dafür zu entwickeln.
Quelle: Wirtschaftswoche 19. September 2016

Konzeption, Realisierung eines Blei/Lithium Hybridsystems

Mich haben meine Gedanken zu Zusammenspiel einer Blei/Lithium Kombination überzeugt, also habe ich beschlossen dies zu realisieren. Dazu wollte ich zuerst einmal eine Stellungnahme eines Herstellers und Händler, seine Antworten sehen Sie in *kursiv*:

Sehr geehrte Firma XYZ,

Ich möchte mit einer vorhandenen, gebrauchten, AGM Batterie und einer neuen Lithium 100 Ah aus Ihrem Hause ein Li/Pb Hybridsystem für mein Wohnmobil aufbauen. Dazu habe ich einige Fragen, zu denen ich gerne eine schriftliche Stellungnahme möchte.

Ausgangssituation:

Ford Transit 2,4l Baujahr 2008 mit 2x60 Ah Pb/Ca Startbatterien, Lichtmaschine 150 A, temperaturkompensiert, bis 14,9 V Spannung, 2x AGM Exide 90 Ah in der Beifahrersitzkonsole, EBL 269, Einstellung Ladung Pb nass, Solarregler Büttner MT 130 mit AGM Einstellung. Stromverbrauch pro Tag ca. 10-20Ah Sommer, 30-40Ah im Winter. Urlaub im Sommer wie im Winter und Fahrzeugstart mit einem nicht vorgeheizten Fahrzeug.

Mein Realisierungsansatz:

Eine 100 Ah Lithium Batterie soll mit einer der verbleibenden 90 Ah AGM Batterien als Hybridlösung parallel geschaltet werden. Die damit erreichte Bruttokapazität von 190 Ah soll von der 150 A Lichtmaschine, einer 100 Wp Solaranlage oder und dem 18A Schaudt Ladegerät geladen werden. Das Transit Chassis hat keine intelligente Generatorsteuerung, die 150 A Lichtmaschine sollte für die Ladung während der Fahrt ausreichen. Ein Ladebooster ist nicht vorgesehen. Der durch eine AGM freiwerdende Platz in der Sitzkonsole sollte für eine 100 Ah Li-Batterie (279x175x189) ausreichen. Die Batterie soll mit normalen Rundpolen (Ford) oder Poladaptern ausgestattet sein. Mit der Hybridverschaltung von Li mit Pb möchte ich die Vorteile der Lithiumbatterie (hohe Stromentnahme bei stabiler Spannung nutzen und den Nachteil von LFP Zellen bei einer Ladung unter +10°C durch die parallel geschaltete Bleibatterie kompensieren.

Meine Fragen zu Ihrem Produkt und diesem Lösungsansatz:

1. Werden die von Ihnen verwendeten Zellen vor dem Zusammenbau ausgemessen, selektiert und zu 100% geladen?
   Antwort: Ja
2. Ist der interne BMS Batteriecomputer mit dem SoC der eingebauten Zellen bereits von Ihnen kalibriert?
   Antwort: Ja
3. Wie ist das Thema „Balancing“ in Ihrem Produkt gelöst und wie hoch ist der Balancerstrom?
   Antwort: Aktiver Balancer mit bis zu 5A
4. Wann erfolgt das Balancing? Bei Ladung, bei Entladung oder immer?
   Antwort: Zu jeder Zeit. Unabhängig vom Ladestrom.
5. Wird der Ladestrom bei Temperaturen <10°C einfach abgeschaltet oder wird er analog zum Temperaturgefälle herunter geregelt?
   Der Ladestrom wird bei Temperaturen unter -10°C abgeschaltet. Darüber begrenzt nur die Zelle selbst die Höhe der Stromaufnahme.
6. Sehen Sie Probleme einer gemeinsamen Ladung bzw. Entladung in diesem Hybridverbund?
   Beide Batterien haben unterschiedliche Ladekurven. Ich kann nicht sagen, wie die AGM Batterie auf eine Lithium Ladekurve reagiert. Von daher sollte keine Lithium Ladekurve verwendet werden.
7. Sehen Sie Probleme bei der Ladung mit der bestehenden Infrastruktur meines Fahrzeugs?
   Die Ladung sollte ohne Probleme möglich sein. Jedoch wird die Ladung länger dauern als mit einem Lithium Ladegerät.

mit freundlichen Grüßen

In meinem Fall wurden die Fragen zu meiner Zufriedenheit qualifiziert beantwortet.
Eine Anfrage dieser Art würde sowohl Ihre Anforderungen, als auch die Spezifikationen der Batterieumgebung beinhalten und damit die Grundlage Ihres Umbaus bilden. Auch bei eventuell später notwendigen Reklamationen bildet eine Beschreibung der Kaufwünsche eine gute Grundlage zur Argumentation.

Bei der Fa. BullTron werden, lt. deren Angaben, z.B. alle Zellen vor dem Zusammenbau mit einem Kapazitätstestgerät getestet und auf 100% SoC geladen. Zum Versand werden die Batterien aber wieder auf 30% SoC entladen. Der Anwender kann also eine durchgeführte Initialladung und eine synchronisierte SoC Anzeige erwarten. Er muss nicht, wie bei einigen anderen Lieferanten, die Batterie mit mehreren Fahrten erst einmal aufladen um die Zellen zu balancieren.
Was man vielen Herstellern- oder Lieferantenunterlagen nicht entnehmen kann, ist die Art des Balancing im späteren Betrieb. Ich habe versucht dies in den Herstellerangaben zu ergänzen.
BullTron verwendet z.B. ein 150 A BMS von DALY, hat aber die Parameter des integrierten passiven 30mA Top Level Balancer auf einen höheren Einsatzlevel gesetzt und arbeitet mit einem separaten, aktiven 1-5A Heltec Balancer. Der Dauerentladestrom ist mit 150A angegeben. Das DALY BMS hat je einen separaten Lade- und Entlade-MOS Port und eine wesentlich größere Kühlkörpermasse.

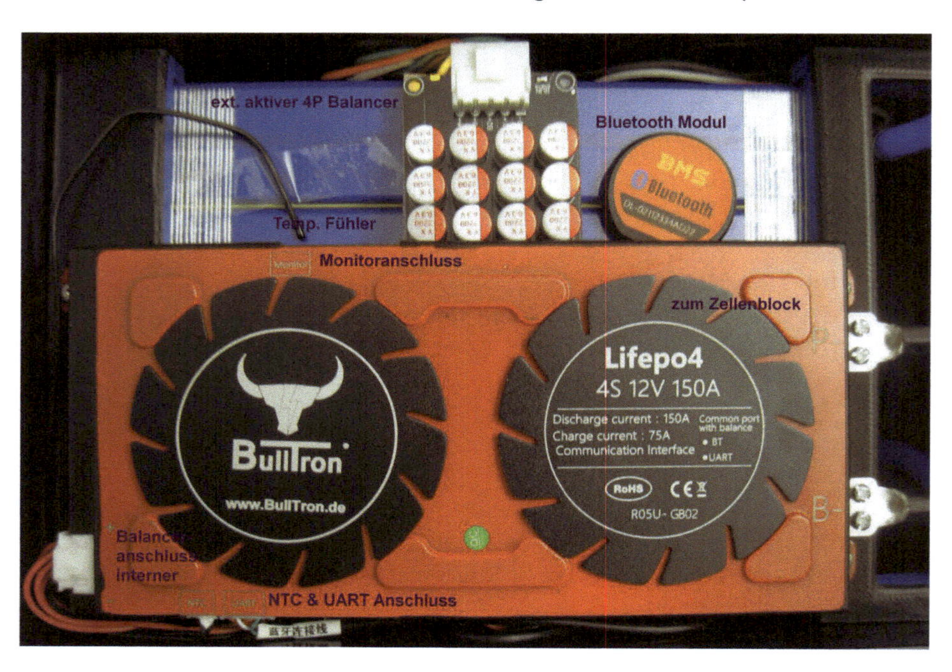

Es ist damit meiner Meinung nach thermisch und strommäßig wesentlich robuster ausgelegt als das entsprechende JBD BMS.
Bei BullTron/DALY benötigt man für Parameteränderungen ein Passwort, das dem Endkunden aber nicht bekannt gegeben wird. Die wichtigen Batterieparameter sind damit per App abrufbar aber nicht veränderbar. Laut Angaben von BullTron soll die Zugriffsicherheit Batterieparameter in Zukunft noch erheblich intensiver abgesichert werden.
Die Zellen sind hochkant auf der Seite liegend eingebaut. Die Zellpole sind in dieser Draufsicht rechts. Die Zellen sind von unten mit einer Schaumstoffplatte geschützt. Das BMS ist darüber auf einem Hilfsrahmen geschraubt. Der aktive dynamische Heltec Balancer ist in der Mitte oben zu sehen. Links davon sehen Sie den Temperaturfühler, rechts daneben ist das Bluetooth Modul.
Aus der vollen 105Ah Batterie habe ich mit C10 (13A) 108Ah entnommen.

Liontron und viele anderen dagegen verwenden für 100Ah Batterien das 120A Smart BMS von JBD und dessen internen 50 mA Top Level Balancer. Das JBD BMS hat keine Kühlbleche mit Rippen, der Dauerstrom der Batterie ist aber auch hier mit 150A angegeben. In meinen Augen eine Diskrepanz, die sich ganz sicherlich auf die Wärmeentwicklung des BMS und damit u.a. auf die dort montierten Temperatursensoren auswirkt.
Wäre der Temperatursensor auf oder zwischen den Zellen platziert, wäre auch dessen Messwert besser zu interpretieren. Der max. Entladestrom liegt bei 200A für 20 sec, ist in den Parametern aber nur mit 150A hinterlegt. Man kann sich jetzt fragen was richtig ist.

Der Zugriffsschutz auf die Batterie ist nicht unbedingt Stand der Datensicherheit. Bezugsquellen für Apps der JBD BMS sind vielfältig, viele Passwörter geistern im Web und manche „Scherzkekse“ wandern schon über den Campingplatz, um andere Benutzer von JBD BMS aufzuspüren. Es kann wohl nicht Sinn der Sache sein, dass mir ein Spinner den Strom abschaltet!

Lithiumbatterie als Starterbatterie?

Will man allerdings die **Blei-Starterbatterie** seines Wohnmobils **durch eine Lithiumbatterie ersetzen** wird es richtig interessant. Man spart zwar 10-15 kg an Gewicht, hat aber auch eine Menge Anforderungen zu lösen. Man darf hier keine günstige Aufbaubatterie mit engem Temperaturfenster und Standart BMS einsetzen.
Der Anlasser eines Dieselmotors benötigt bei Kälte schnell einmal 400A, allerdings nur für 1-2 Minuten. Das auf 200A Spitzenstrom eingestellte BMS würde abschalten.
Moderne Lichtmaschinen mit Multifunktionsregler erreichen bei winterlichen Temperaturen recht schnell eine Ladespannung um 14,6V und damit den OVP Punkt eines Lithium Batterieblocks. Setzt man hier eine OVP Schutzschaltung ein, läuft die Drehstromlicht-maschine im Falle einer Trennung ohne Batteriepuffer. Die Lastabwurfspannungsspitze und die höhere Leerlaufspannung sorgen dann für einen raschen Tod der Lichtmaschine. Damit steht dann die ganze Chassiselektronik ohne Strom da, und die weiterhin drehende Lichtmaschine wartet nicht auf die Wiederaufschaltung, sondern auf die Verschrottung.
Aber auch eine UVP Situation, aufgrund der eingeschränkten Ladung bei unter 10°C, ist möglich. Die Konsequenzen dieser Notabschaltung sind die Gleichen wie oben beschrieben.
Dazu stellt sich noch die Frage, in wieweit Motorsteuerung ECM, Bodycomputer, ABS, elektrische. Lenkunterstützung und andere Steuerboxen mit Spannungsüberwachungsfunktionen zur Regelung ausgelegt sind. Aus verkehrs- und sicherheitstechnischen Überlegungen würde ich den Ersatz der Blei Startbatterie durch eine Lithium Batterie nicht empfehlen. Absolut unklar ist auch, ob die Betriebserlaubnis mit dieser Änderung erlischt, da das Kfz nicht mehr den Bedingungen der Typzulassung entspricht.
Der Ersatz der herkömmlichen Blei Starterbatterie durch eine Li Version ist keine „just drop in“ Arbeit und kann nur in enger Anlehnung an die Chassiserfordernisse umgesetzt werden.

Allerdings gibt es auch hier Lösungen, nämlich:

- Winston $LiFeYPO_4$ Zellen mit ca. 40Ah ohne Tieftemperatur-schutz, ggf. mit aktivem Differenzbalancer, direkt an der LiMa angeschlossen.

Die Winston LFYP Zellen sind auch für tiefere Temperaturen geeignet und absolut hochstromfest. Über die BMS Steuerung muss man sich halt im Zusammenhang mit dem Fahrzeugchassis und der verbauten Lichtmaschine einige Gedanken machen.

Grundsätzlich sollten man sich deshalb vor einer Umrüstung, auch mit Hilfe des Chassisherstellers, folgende Fragen beantworten:

- Ist die Batterieanlage sicherheitsrelevant und damit ein Teil der Typzulassung?
- Wie hoch steigt der Li Ladestrom bei Rekuperation? (der Innenwiderstand einer Li ist rund 10x geringer als einer Bleibatterie)
- Sind Eingriffe in die Motorsteuerung notwendig um eine „intelligente Generatorsteuerung“ zu desaktivieren und ist das vom Chassishersteller eventuell schon berücksichtigt? (Ford)
- Kann die Li Batterie bei -20°C einen Anlasserstrom von 400-900A liefern?
- Bei Fiat Chassis muss die Batterieplatte mit ihrem Sicherungsträger umgebaut werden.
- Wie funktioniert die Zellheizung bei unter 10°C und woher kommt deren Strom?
- Kann man Lade- und Entladekreis getrennt steuern?
- Was passiert bei Überstrom (Rekuperationsphase) oder Kurzschluss? (LiMa dreht ohne Last!)
- Was passiert bei Unterspannung? Wer versorgt bei abgeschalteter Entladung die Chassisverbraucher?
- Wie realisiert man Starthilfe im Unterspannungsschutz-Modus?
- Wie erfolgt das Zellbalancing und wie greift dieses in die Batteriesteuerung ein.
- Ist die Zusammenschaltung von Start- und Aufbaubatterie spannungsgesteuert (CBE DS x, Nordelettronica, ArSilicii Lader)? Dann ist Vorsicht geboten, da die Li Quellspannung zwischen voll und leer nur minimal variiert.

Die Kernfrage dahinter ist immer wie verhält sich das Fahrzeug wenn kein Batteriestrom zur Verfügung steht?

Lithiumbatterien im Bootseinsatz

Eigentlich ein Thema das nichts mit Wohnmobilen zu tun hat, aber mich erreichen dazu viele Anfrage unter dem Motto „Wohnmobil oder Boot, da ist doch eigentlich kein großer Unterschied!"

Meine Antwort: Auf den ersten Blick nein, auf den zweiten Blick aber doch! Aber was ist denn der Unterschied?

- Boot-Lichtmaschinen laufen mit niedrigeren Drehzahlen und sind leistungsmäßig schwächer als Lichtmaschinen im Automotiv Bereich ausgelegt. Ein Volvo/Penta Diesel hat i.d.R. eine 60-90A LiMa.
- Eine „intelligente Generatorsteuerung" gibt es hier nicht.
- Eine Trennung der Batterien durch ein Trenn- /Koppelrelais gibt es nicht
- Die Zuleitung von der LiMa/Startbatterie zu zusätzlichen Batteriebank kann schon mal zwei Meter oder mehr betragen.
- Bootsverbraucher wie Anker- oder Fallwinsch, Strahlruder sind wie der Anlasser kurzfristige Hochstromverbraucher. also keine Anwendungen für eine zyklische Verbraucherbatterie. Manche Smart BMS reagieren hier mit Abschaltung.
- Die Kajütenverbraucher sind normalerweise auf eine zweite Batteriebank geschaltet. Diese muss so konzipiert sein, dass die Positionslichter und Notrufsender unterbrechungsfrei versorgt werden können, also keine OVP/UVP ohne Ersatzbatterie.
- Ein Boot hat i.d.R. keine Zuladungsprobleme, im Kielschwein sind z.B. Bleigewichte montiert. Das Gewicht der Bleibatterie kann sich also sogar positiv auf das Rollverhalten auswirken.
- Gaskocher sind Gefahrenquellen weil ausströmendes Gas nicht nach unten wegfließen kann. Mit Li-Batterien bieten sich aber hier hochstromfeste Lösungen wie Induktionskochfelder an.

Lithium Batterien als 12V oder 24V System?

Wer zu einer Lithiumbatterie greift denkt u.U. an einen höheren Stromverbrauch. Große Verbraucher sind z.B. Induktionskochplatten oder Klimaanlage, die über Wechselrichter betrieben werden. Hier kommen schnell Ströme über 200 A vor. Diese Ströme müssen bei einer 12V Versorgung über Leitungen geführt werden, die, je nach Länge, einen Durchmesser von bis zu 90 mm^2 erreichen. Diese Kabel haben einen großen Biegeradius und benötigen Kabelschuhe, für die man schon eine professionelle Kabelschuhpresse benötigt.

Hier sollte man stark darüber nachdenken, das Batteriesystem auf 24V auslegen. Dadurch halbieren sich der Kabelquerschnitt und die Sicherungsstärke!

- Die zu verlegenden Kabel sind wesentlich dünner, das wirkt sich vor allem bei Großverbrauchern aus.
- Man kann hier oft nicht auf „Drop in" Lithium-Batterien ausweichen. Manche dieser Systeme können aufgrund des internen BMS nicht in Reihe geschaltet werden.
- Nachteilig ist, dass es eventuell nicht alle gewünschten Komponenten in einer 24 V Ausführung gibt. Hier müsste man dann mit vor geschalteten 24 V zu 12V DC/DC Wandlern arbeiten.

Da ist eine Serienschaltung mit einigen „Drop in" Batterien nicht möglich ist muss man hier ggf. zum Selbstbau greifen (siehe Zelleneinbau, Anordnung)

Bei der Serienschaltung von vier oder acht Zellen und einer eventuellen Parallelschaltung zweier Zellenstränge tauchen für Balancer/BMS Systeme dann Kurzbegriffe auf, wie:

- 4S für vier Zellen in Reihe 12V, oder
- 4S2P für vier Zellen in Reihe als Block und ein 2. Zellblock parallel.
- 8S2P bedeutet dann in der Praxis acht Zellen zu einem 24V Block und davon dann zwei parallel für 24V, oder
- 2P4S, als 2 Zellen parallel und diesen Block dann 4x in Reihe.

Übrigens, ich schreibe zwar immer von 12V, aber die Aussagen gelten in Bezug auf Leistung gelten genauso für 24V Anlagen.

Eine Wasserpumpe hat z.B. eine Leistung von 80 Watt. Diese kann ich entweder auf eine Spannung von 12V auslegen, dann fließt ein Strom von 6,6 A, oder ich benutze eine 24V Version, dann fließt nur eine Strom von 3,3 A. Die Leistung ist in beiden Fällen die Gleiche!

Messpunkte für eine eventuelle Fehlersuche
Bevor ich zu den Verschaltungsvorschlägen und Möglichkeiten der Verschaltung von Energieerzeugern, Speicher und Verbrauchern übergehe, hier vielleicht noch einen Tipp zur Umsetzung der verschiedenen Schaltungsvorschlägen.
Planen Sie bei komplexeren Anlagen Messpunkte ein, die Sie an einer gut zugänglichen Stelle herausführen. Mit Bananensteckerbuchsen kann man das sehr einfach realisieren. Mögliche Messpunkte können sein:

- Smart BMS, Eingang 12V, Ausgang 12V,
- Ausgang Lichtmaschine, D+ Signal vom Chassis, Pluspol Starterbatterie,
- Ausgang EBL oder Ladegerät/Verteilerbox
- Ausgang Solarpanel, Stromschleife im Ausgang Solarpanel, Ausgang Solarregler,
- Steuerleitung OVP/UVP/Thermoschalter Signal von den Balancern
- Ausgang OVP Trennrelais, Ausgang UVP Trennrelais,

Sauber beschriftet, helfen diese Messpunkte ungemein bei einer späteren Fehlersuche, und die kommt bestimmt, egal wie gut Sie umbauen!

Das Lithium Batterie Management System,

oder als Kurzbegriff das **BMS.** Hierunter ist die Gesamtheit ALLER Maßnahmen zu verstehen, die man zum "Managen" (Überwachung & Kontrolle) der Spannungen und Ströme in einem Batteriesystem hat.
Egal, ob Sie einen Bausatz kaufen, ein Fertigsystem oder sich die komplette Lösung selbst bauen, bei einer Lithiumbatterie benötigen die Batteriezellen ein Zellbalancing und einen Notfall-Abschaltmechanismus. Beim Abschaltsystem ist es wiederum egal, ob Sie diese Lösung mit Relais und Hochlastschaltern realisieren oder ein sogenanntes „Smart BMS“ einsetzen.
Ich möchte Ihnen deshalb zuerst einmal ein mal BMS System mit Balancing und Notabschaltung zum besseren Verständnis als konventionelles Ersatzschaltbild darstellen.

BMS Ersatzschaltbild für Balancing, UVP, OVP, ÜT und UT

Das Zusammenspiel von Balancer, UVP- und OVP Notabschaltung ist nicht für jeden sofort durchschaubar, deshalb habe ich hier einmal ein sogenanntes „Ersatzschaltbild“ mit vier Balancer Modulen und Balancing Bypass, OVP-/UVP-/Über- bzw. Untertemperatur Überwachung auf drei unterschiedlichen Meldeleitungen und deren Relaisabschaltung gezeichnet, um die Funktionen darzustellen. Die Meldeleitungen „Temp. Schutz“ und „UVP“ sind durchgängig OK und auf Masse/ground geschaltet, die Meldeleitung „OVP“ ist bei Zelle 2 unterbrochen und somit „flowting Level“.
In diesem Bild zeigt z.B. die Zelle 2 eine Überspannung, sie wird deshalb balancier. OVP wird gemessen, die OVP Meldeleitung wird unterbrochen und das OVP Relais fällt ab und unterbricht die Ladung aller Zellen bis die Zelle auf dem Level der anderen Zellen ist.
Die Meldeleitungen für OVP/UVP sind bei den meisten Balancern allerdings nicht, wie in meiner vereinfachten Darstellung, über Relais geschaltet sondern sind einfache Schaltausgänge eines Transistors. Sie führen damit ein Spannungspotential, deshalb benötigt man hier eine Potentialtrennung wie z.B. einen SSR Converter.
Ich habe die Meldeleitung in diesem Ersatzschaltbild deshalb, zum besseren Verständnis, als eine auf Masse gelegte Schalterkette gezeichnet und zwei Beispiele für die Ansteuerung der Abwurfrelais eingezeichnet.

Kleinstrelais, Transistoren oder Optokoppler Ausgänge der Balancermodule stellen meist nicht genügend Schaltleistung oder das falsche Schaltpotential zu Verfügung, um damit ein Stromstoß- oder SSR Relais anzusteuern. Deshalb muss man hier zur Verstärkung noch ein Hilfsrelais oder einen SSR Converter einsetzen. Die Abtrennung des Lithium Akkus (Lader- bzw. Lastabwurf) erfolgt dann entsprechend den Schutzschaltungen I, II, oder III.

Wichtig bei allen Schutzschaltungen dieser Art ist, dass die Relais- oder Halbleiterschaltungen so konzipiert sind, dass sie auch bei Ladungs- oder Batterieausfall die Alarmsituation melden bzw. korrigierend eingreifen können. Beim Einsatz eines bistabilen Relais kann man diese Thematik mit einer zusätzlichen Kondensatorbank lösen. Diese speichert etwas Energie (ähnlich wie in einem Airbagsteuergerät), um das bistabile UVP Relais auch dann noch abschalten zu können, wenn dessen Verbindung zur Batterie getrennt wurde.
Übrigens: Wenn Sie die gezeichnete Art der Kontaktverschaltung einmal von Masse über die Schalter zur Elektronik verfolgen, werden Sie auch verstehen, was man mit OVP „Signal aktive at ground" versteht. Die Meldeleitung ist im Normalbetrieb aktive auf Masse geschaltet, das OVP Relais der Meldeleitung ist angezogen und auf „normally open" geschaltet. Tritt ein Meldefall oder ein Spannungsausfall ein fällt das Relais auf „normally closed" ab und steuert das OVP/UT/, ÜT Hochstromrelais an.
Die LED des Optokopplers z.B. liegt an Plus, die Meldeleitung gibt dazu die Masse und die LED strahlt den Transistor an der dadurch durchgeschaltet wird. Anschlusspunkt 6 wird dadurch negativ und das UVP Lastabwurfrelais zieht an. Wird die UVP Meldeleitung unterbrochen beleuchtet die LED den Transistor nicht mehr, dieser sperrt, das UVP Lastabwurfrelais fällt ab und die Batterie ist von der Last getrennt.
Leider benötigt so eine aktive Schutzschaltung im Normalbetrieb einen Ruhestrom der, je nach Relais, schon einige Milliampere beträgt. In den Smart BMS werden zwar keine Relais mehr verwendet, der Schalkontakt wird durch einen MosFet Schalttransistor ersetzt, aber ein Ruhestrom bleibt.

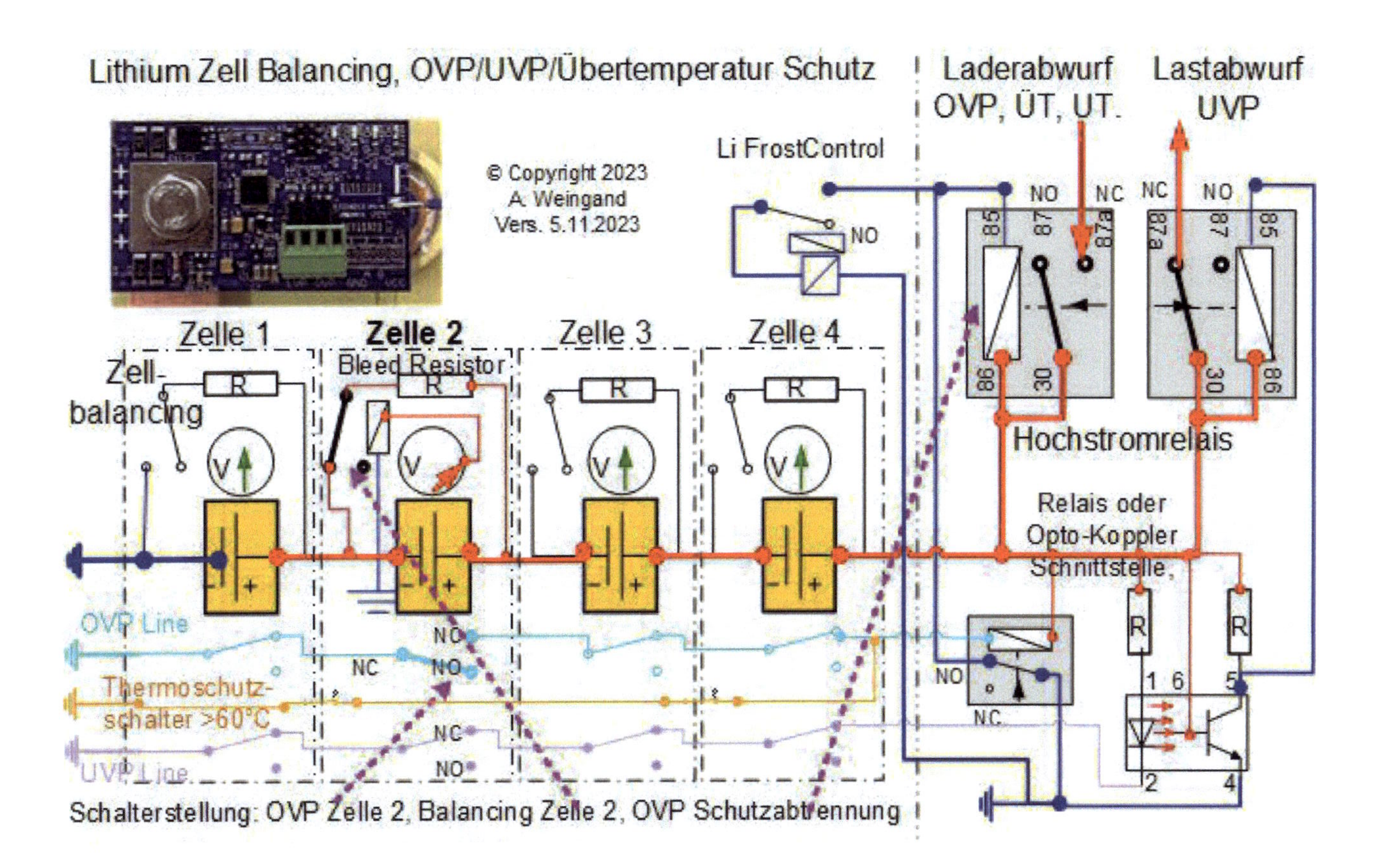

Lithium Zell Balancing, OVP/UVP/Übertemperatur Schutz
Laderabwurf
OVP, ÜT, UT.
Lastabwurf
UVP
© Copyright 2023
A. Weingand
Vers. 5.11.2023
Li FrostControl
NO
NC
85
87
87a
86
30
Hochstromrelais
Zelle 1
Zelle 2
Zelle 3
Zelle 4
Zell-
balancing
Bleed Resistor
R
V
Relais oder
Opto-Koppler
Schnittstelle,
OVP Line
Thermoschutz-
schalter >60°C
UVP Line
1 6 5
2 4
Schalterstellung: OVP Zelle 2, Balancing Zelle 2, OVP Schutzabtrennung

Notwendige Schutzabschaltungen bei Lithiumbatterien

Lithium Batterien sind empfindlich gegen zu hohe Ladespannung, Übertemperatur oder eine Hochstromladung bei Minustemperaturen. Deshalb muss auch bei einer Überspannung (OVP), einer Unterspannung (UVP), einer hohen Zelltemperatur oder einer Ladung bei Temperaturen unter +10 schützend bzw. korrigierend eingegriffen werden.
Wenn Sie Ihr BMS System mit diskreten Bauteilen aufbauen möchten, benötigen Sie auf jeden Fall ein leistungsstarkes Relais, mit dem Sie die doch hohen Ströme einer Li-Batterie unterbrechen können. Das bedeutet u.U. einen Strom von bis zu 250A. Außerdem soll das Relais keinen Haltestrom benötigen, d.h. sie benötigen ein „bistabiles Relais", ein Stromstoßrelais, auch Haftrelais oder Stützrelais genannt.

Unterspannungs- bzw. Tiefentladungsschutz, UVP

Sowohl Blei- als auch Lithiumbatterien dürfen nicht vollständig entladen werden, ihre Lebensdauer wird dadurch verkürzt.
Deshalb gibt es für jeden Batterietyp eine Tiefentladungsschwelle (UVP), die nicht unterschritten werden sollte. Sie liegt für LiFePO4 Batterien bei ca. 11V oder ca. 90% DoD.
Man kann diese Tiefentladungsschwelle zwar über die Gesamtspannung messen, wesentlich besser ist es aber die Spannung der Einzelzellen zu messen.
Wird die Batterie durch die Verbraucher bis auf die UVP Spannungschwelle entladen, sollte eine LED und/oder ein Signalton diesen Notstand signalisieren und die Verbraucher abgeschaltet bzw. abgeworfen werden. Das Bordnetz ist damit ggf. tot (siehe Schutzschaltung I, II und III). Die Abschaltung der Verbraucher bei **Batterie Unterspannung (UVP)** ist technisch nicht aufwendig, da das 12V Bordnetz ja meist sowieso mit Controlpanel und Sicherungsverteiler aufbaut ist, in denen sich alle Verbraucherleitungen treffen.
Sobald der UVP/Tiefentladungsschutz erkennt, dass die Batteriespannung wieder über den Abschaltwert gestiegen ist, wird der Alarm beendet. Bei manchen Systemen (Smart BMS) werden die Verbraucher wieder automatisch versorgt, bei manuell gesteuerten Systemen muss der Benutzer die Verbraucher durch ein "Reset" wieder aufschalten.

Hat der Tiefentladungsschutz eine Wiederaufschaltautomatik, kann es zu einem "Relaisflattern" kommen, wenn der Schwellwert (Hysterese) zwischen Soll- und Ist-Spannung zu eng gewählt ist, oder sehr große Stromverbraucher (WR mit eingeschalteter Kaffeemaschine) noch immer eingeschaltet im System hängen. Gibt es keine Relais wie in einem Smart BMS, kann hier die Schaltelektronik ins Schwingen geraten, was zu einer erhöhten Erwärmung führt.
Es ist also sinnvoll, die großen Verbraucher solange ausgeschaltet zu lassen, bis die Batterie wieder einigermaßen geladen ist. Egal ob mit „smart" oder „Relais old style", eingreifen muss man immer und eigentlich ist es egal, ob man einen Resetknopf oder einen eingeschalteten Verbraucher mit hohem Anlaufstrom sucht.
Da der Spannungsunterschied bei Lithiumzellen zwischen voll und leer nicht sehr groß ist (13,2 V voll, 12,8 V 25%), sollte die vorbeugende "**Battery Low**" Überwachung mit Hilfe eines Batteriecomputers und programmierbarer "Alarm - Batterie goes low" Schwelle erfolgen. Die "Batterie low" Überwachung, bzw. Abschaltung des serienmäßig eingebauten 230V Laders oder EBLs wird beim Lithium Einsatz nichts bringen, da die Unterspannungsschwellen zu unterschiedlich ausgelegt sind. Bei der Lithiumbatterie liegt die **UVP-Schwelle** bei ca. 11,5V, bei einer Bleibatterie erst bei 10,5 V.

Überspannungsschutz, OVP

Eine **Überspannung** für eine LFP Zelle liegt an wenn die Spannung über 3,75V liegt, dh. für den Gesamtakku **über 15V**. Die **OVP Schutzschaltung** muss dies erkennen und den Ladezweig/Ladeport abschalten.
Überspannungen können entstehen, wenn Lichtmaschine, Solarlader oder Ladebooster temperaturkompensiert sind. Bei einer Temperaturkompensation wird die Ladespannung bei Temperaturen unter +25°C kontinuierlich pro Grad um 24mV erhöht. Die Ladespannung beträgt dann bei -5°C anstatt 14,6V um die 15,3V! Leider lässt sich diese Temperaturkompensation bei der Lichtmaschine, bzw. dem Bodycomputer, nicht abschalten.
Die Abschaltung der Ladequellen bei Batterie Überspannung (OVP) ist sehr viel aufwendiger, da die Batterie ja auch als Spannungsstabilisator bzw. Puffer für den Solarregler oder die Heizung arbeitet und Spannungsspitzen verhindern soll.

Lichtmaschine, Ladebooster, Solarregler, Brennstoffzelle, Generator etc. müssen alle abgeworfen werden, ohne die Laderegler, EBL oder die Verbraucher durch die höhere Leerlaufspannung zu schädigen. Am einfachsten kann man das durch eine parallel geschaltete Blei-Stützbatterie (Hybrid) sicherstellen.
Aber auch eine einzelne Zelle kann schon vollgeladen sein. Die Gesamtladung und damit die hohe Ladespannung liegen weiter an, die Einzelzelle wird bei einem Top Level Balancing zwar balanciert, aber mit 30-50mA Balancerstrom dauert der Vorgang. Jetzt meldet der Balancer der bereits voll geladenen Zelle OVP und die OVP Schutzschaltung spricht an. Smart BMS zählen diese Vorfälle in einem Log, man sieht dann 40x OVP.
Ist die OVP Situation behoben, sollten die Ladesysteme eventuell wieder selbstständig aufgeschaltet werden. Diese Erkennung und Wiederaufschaltung ist zumindest im Zusammenspiel mit 12/24V Automatik Solarreglern auch nicht ganz so einfach.

Übertemperatur (ÜT) bzw. Untertemperaturschutz (UT)
Ein weiterer Schutzpunkt ist die Abschaltung wegen **Übertemperatur ÜT**. Ein oder mehrerer Temperaturfühler oder Schalter, die zwischen den Zellen oder auf dem BMS platziert sind sollen das BMS und das Akkupack vor Überhitzung (>65°C) schützen und sowohl Ladung als auch Entladung abschalten.
Aber auch bei **Temperaturen unter +10°C, UT** muss man bei der Ladung von LFP Zellen aufpassen. Größere Ladeströme bei Temperaturen um die Frostgrenze verringern die Lebensdauer. Eine Ausnahme bilden hier die mit Yttrium versehenen LFYP Zellen, die allerdings erheblich teurer sind.
Die meisten Bausätze besitzen keine UT-Ladestromüberwachung, bei den „Drop in Systemen“ ist sie auf unterschiedliche Art und Weise integriert. Manche BMS schalten nur den Ladezweig ab (siehe Schutzschaltung II), andere die gesamte Batterie (siehe Schutzschaltung III).

Eine weitere Möglichkeit des UT Schutzes sind integrierte Heizmatten. In meinen Augen die uneffektivste Methode, denn sie kostet Heizstrom und eine Menge Zeit.

Die eleganteste Methode, trotz tiefer Temperaturen sofort laden zu können, sind meiner Meinung nach LFYP Zellen oder die aufgezeigte Li/Pb-Hybridlösung (Schutzschaltung 1).
Die einfachste und preisgünstigste Lösung ist, das bereits installierte Boiler-Frostschutzventil zur Steuerung eines Relais zu verwenden und damit die Lithiumbatterie vor einer Ladung bei Frosttemperaturen zu schützen. Einen Vorschlag finden Sie ein paar Seiten weiter.

Wenn ein Balancer bei einem BMS mit Relaisabwurfsteuerung einen Grund für eine Notabschaltung sieht, muss sein Signal auch in der Lage sein, ein stromstarkes Relais zu steuern.
Die Ansteuerung der UVP/OVP/ÜT/UT Trennrelais hängt damit stark von den Steuerausgängen der Balancer ab, wie z.B. Steuerspannung (12V), open Collector, Stromschleife (< 50 mA). Bei vielen dieser Relais-Schutzschalter benötigt man deshalb einen vorgeschalteten **S**olid **S**tate **R**elais **C**onverter, kurz SSRC, genannt.
Mit Optokopplern zur galvanischen Trennung oder potenzialfreien Schaltkontakte kann man dann die Relais potentialfrei ansteuern.
Diese gesamte Überwachung und Korrektur führt zu einem erhöhten Aufwand an Verkabelung und Regeltechnik des Batterie-Management-Systems.
Aber eines sollte man bei diesen Schutzschaltungen nie vergessen, **es sind Notabschaltungen**, welche den teuren Akku schützen sollen und im normalen Betrieb eigentlich nicht auftreten sollten.

Praktische Realisierung dieser Schutzfunktionen

Bevor man sich ans Bestellen von Bausätzen oder Balancer macht, sollte man sich Gedanken über deren grundsätzliche Funktion der Schutzschaltung machen.
Man muss sich entscheiden:

- Möchte man keine Parameter und Daten verlieren und immer voll funktionsfähig sein, arbeitet man am Besten mit einer „Hilfsbatterie“ oder neudeutsch ausgedrückt, mit einem Li/Pb Hybridsystem (siehe Schalt. I).
- Eine „Entweder – Oder“ Schaltung. Hier sollen im UVP Fall nur die Verbraucher abgeworfen werden, und die Ladequellen verbleiben zur Aufladung an der Batterie. Im OVP Fall werden nur die

Ladequellen von der Batterie getrennt, die Verbraucher funktionieren weiter (Siehe Schalt II.

- Eine „totaler Batterieschutz“ Schaltung. Hier wird die Batterie in einem Störungsfall UVP/OVP komplett von den Ladequellen und den Verbrauchern getrennt. Dies ist meist bei den Komplettsystemen der Fall. Damit sind aber auch Batteriecomputer, Anzeigepanel DT201, Solarregler mit 12/24V Automatik, Truma CP Plus, INet-Box etc. ohne Spannung und verlieren Uhrzeit, Parameter und Daten. (siehe Schalt. III oder nur Li BMS)

Ich möchte Ihnen zu den drei Möglichkeiten in der nachfolgenden Schutzabschaltung eine Lösung präsentieren.
Übrigens: die vorgestellten Schutzmöglichkeiten per Relais und Hochstromschalter sind in den elektronischen BMS Systemen natürlich auch integriert, nur wurden die Relais durch MosFet Schalttransistoren ersetzt. Bei den „Drop in“ Komplettsystemen gibt es leider nur die Möglichkeit der Schutzschaltung III, da diese keine situationsbedingten Steuerspannungen nach außen geben.

Schutzabschaltung I, Li/Pb Hybridsystem:
Beide Batterien, die Li und die Pb werden parallel geschaltet. Das interne BMS, Schutzschaltung UVP/OVP/ÜT/UT kontrolliert nur die Lithiumbatterie. Die Bleibatterie ist bei einer Abschaltung weiterhin als Puffer im Lader- Verbraucherzweig eingebunden und wird erst später durch die EBL Schutzschaltung abgeschaltet.
Der **Vorteil** dieser Verschaltung:
Bei dieser Hybridschaltung fällt der kältebedingte Nachteil der Li-Batterie nicht so ins Gewicht, denn die Bleibatterie wird weiterhin als Pufferbatterie ge- und entladen. Man hat damit auch ein parallel geschaltetes „Notfallsystem“ (siehe auch Li /Pb als Hybridsystem), welches immer noch für die Parametersicherheit von BC, Solarregler, CP Plus etc. bereit steht.
Der **Vorteil**: Ein Batteriesystem mit Notfall/Ausfall Sicherheit
Der **Nachteil**: Man hat noch das höhere W/kg Verhältnis der Bleibatterie.

Schutzabschaltung II, reines Li-System:
Man entflechtet den Ladestrang vollständig vom Rest der Bordelektrik. Lichtmaschine, Solar, 230V Ladegerät und eventuelle andere Quellen werden an einem gemeinsamen Trennpunkt zusammengefasst. Im Fall einer Überspannung schaltet man dann an diesem Punkt den gesamten Ladestromkreis ab. Damit hat man auch die Möglichkeit einen Untertemperaturschutz (<+10°C) zu realisieren.
Auch die Verbraucherleitungen werden zusammengefasst. Bei Batterie Unterspannung schaltet ein Relais nur die Versorgungsleitungen aller Verbraucher ab. OVP und UVP werden hier getrennt geschaltet.
Der **Nachteil**: Man benötigt zwei SSR Trennrelais.

Schutzabschaltung III, reines Li-System:
Ladekreis und Lastkreis sind weiterhin gemeinsam in die Bordelektrik eingebunden. Die Verdrahtung muss nicht geändert werden. Bei OVP/UVP wird die Batterie direkt am Batterieanschluss abgeworfen. Dies ist auch das Prinzip beim Umbau auf ein Li Batteriesystem.
Der **Vorteil**: Man benötigt nur ein Trennrelais, das entweder über das OVP- oder das UVP Signal gesteuert wird. Hier muss man eventuell eine Entkopplungsdiode für die OVP/UVP Signalleitung einsetzen. Die Bordelektrik und die Verbraucher werden, soweit wie möglich, über die Ladetechnik weiter mit Strom versorgt.
Die **Nachteile** sind: Wird ein Solar 12/24V Automatikregler verwendet, der die Batteriesystemspannung selbsttätig erkennt, weiß dieser nicht mehr, welche Ladespannung zur Verfügung gestellt werden muss und liefert, je nach Panelspannung/Reihenschaltung, eventuell über 28 Vmpp ins 12V Bordnetz.
Die Ausgangsspannung kann, je nach Solaranlage (72 Zellenmodul oder zwei Panels in Serienschaltung) auf über 40 Vmpp ansteigen, denn es fehlt die Batterie als Puffer. In wie weit manche Geräte oder Leuchtkörper diesen Anstieg der Versorgungsspannung verkraften ist die Frage.
Das BMS mit seinen Schutz- und Einstellungsmöglichkeiten ist allerdings auch die Schwachstelle des ganzen Systems. Denn im Zusammenhang mit Balancing, Zell/UVP/OVP/UT/ÜT Überwachung und SoC Ermittlung wird es konfigurationstechnisch erheblich aufwendiger, als bei einer einfachen Bleibatterie.

Möglichkeiten für Sicherheitsabschaltungen I, II oder III

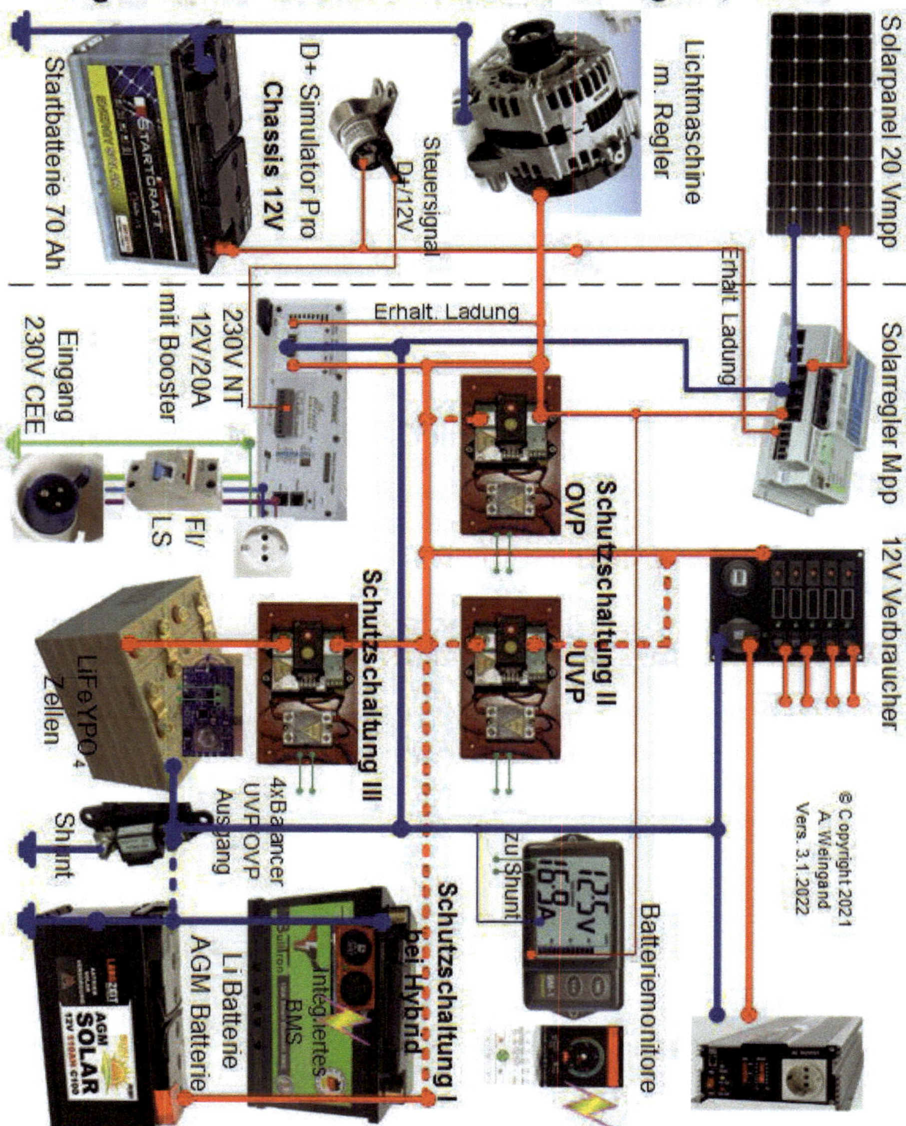

Gezeichnet: **Schutzschaltung III** für Li ohne Smart BMS

Zell Balancing Verfahren

Wie bei Bleibatterien wird auch bei Li-Batterien aus Einzelzellen ein 13V Akkublock geschaltet und gemeinsam geladen. Da jede Batteriezelle, egal ob Blei oder Lithium, aufgrund von Fertigungstoleranzen (Beschichtung) leicht unterschiedliche Kapazität hat, sich innerhalb des Akkupacks im Betrieb geringe Gasbläschen aufbauen und sich die Zellen im Laufe der Zeit aufgrund der Alterung geringfügig verändern, hat diese Drift Auswirkungen auf die individuelle Zellspannung.

Wenn einzelne Zellen eines Packs unterschiedlich driften, kann irgendwann ein Zustand erreicht werden, indem eine Zelle 100% SoC erreicht, andere Zellen aber noch bei 70% SoC liegen. Die nutzbare Kapazität der in Reihe geschalteten Zellen beträgt also in diesem Beispiel 70%. Da es bei Lithium aber keine elektrochemische Ausgleichsladung über die gesamte Batterie gibt, muss man hier andere Wege gehen.

Dieser Weg heißt **Zellbalancing der Einzelzellen**.

Für dieses Zellbalancing gibt es Platinen, welche nur eine Zelle balancieren (Polbalancer, 1S) es gibt aber auch Platinen, die auf einer Platine von 4 bis zu 16 Zellen (4S, 16S) balancieren.

Dabei wird jede dieser Akkuzellen oder Rundzellenstränge einzeln überwacht. Erreicht eine Zelle oder Strang gegenüber anderen Zellen/Strängen zuerst 100% SoC oder hinkt eine Zelle/Strang mit der Ladung nach, muss ein Zellbalancing für Ausgleich sorgen. Bei Zellsträngen aus Rundzellen wird aber nur der gesamte Zellstrang überwacht. Der kann allerdings, abhängig von der Kapazität, aus bis zu 150 Einzelzellen bestehen.

Bei manchen Balancermodulen erfolgt das Balancing über die gesamte Zeit, bei anderen nur während der Lade- oder Entladephase und bei wieder anderen in der Ruhephase. Manche Balancer (Smart BMS) arbeiten mit analogem Strom, andere mit einem getakteten Verfahren.

Auch in den balancierenden Strömen sind sie unterschiedlich ausgelegt, manche arbeiten mit Strömen von 0,05A, andere mit 1,5-5A.

Hier muss man deshalb die Anwendung des Li-Blocks mit in die Betrachtung einbeziehen, ein Notstromakku (Stand-by Betrieb) wird anders geladen als der eines Wohnmobil (zyklischer Betrieb). Auch die Speicherkapazität einer Zelle (Winston Blockzelle oder 14250 Rundzellen) spielt dabei eine Rolle. Wie schnell der Ausgleich erfolgt, hängt daher. von der Qualität der Zellen und dem Balancingverfahren ab.
Das Zell Balancing korrigiert also die individuellen Schwächen einer Li-Zelle in einem Akkuverbund, damit am Ende alle Zellen den gleichen Ladezustand (SoC) haben.

Für Zellbalancing gibt es verschiedene Methoden:
Einmal das **Top Level Balancing**, hier wird die Spannung jeder Zelle im Bereich 3,4 bis 3,65 V überwacht. Sobald an einer Zelle oder Strang die Ladeschlussspannung erreicht wird diese balanciert.
Dies geschieht meist über einen dann parallel geschalteten Widerstand an der Zelle (Bleed Resistor) als Bypass.
Dieser leitet dabei einen Teil des Ladestroms ab, auch wenn die App ein generelles „Laden“ anzeigt. Durch den Bypass wird der Ladestrom der Zelle mit einem bereits höheren Ladezustand verringert, während die anderen Zellen noch geladen werden. Dieses relativ einfache Verfahren wird bei den integrierten Balancern von DALY und JBD eingesetzt. Dabei wird die nicht gewollte Ladung in Form von Wärme vernichtet.

Die zweite Methode ist ein **Bottom Balancing**. Auch hier wird jede Zelle überwacht, und an der Zelle mit der niedrigsten Zellspannung wird die Ladespannung erhöht. Hier wird also nachgeladen.
Beide Verfahren fallen unter den Begriff **passives Balancing**.
Ein paar Dinge sollte man über diese beiden Methoden im Hinterkopf behalten:

- Die integrierten passiven Balancer der Smart BMS balancieren nur mit 0,03-0,05A. Der Bereich, ab wann balanciert wird, ist per Parameter einstellbar.
- Balancingströme von 0,05A sind für Stränge aus bis zu 50 Rundzellen zu wenig. Bei einem 50 Zellen Strang stehen im schlimmsten Fall gerade mal 0,001A zur Verfügung.
- Externe Balancer (Polbalancer) balancieren mit 1-8A.

- Top / Bottom Level Balancing erfolgt während der Ladung oder im Stand By, dies ist per Parameter einstellbar.
- Top Level Balancing vernichtet die überschüssige Ladung und die Ladung dauert dadurch länger.
- Es ist ein Ruhestrom, der vom Smart BMS BC nicht erfasst wird.

Besser und effektiver ist das **aktive dynamische Balancing.** Hier entscheidet die Differenz zwischen höchstgeladener und niedrigstgeladener Zelle, egal in welchem Spannungsbereich. Dabei wird der nicht benötigte Ladestrom einer vollen Zelle in eine Zelle geleitet, die den Ladelevel noch nicht erreicht hat.
Dabei kann dies durch **kapazitives Balancing** („Flying Capacity") als auch durch **induktive Balancing** (Spule) erfolgen. Dabei wird ein Kondensator/Spule an einer Zelle aufgeladen und an einer anderen Stelle (nicht unbedingt Zelle) wieder entladen.
Diese Art von **bidirektionalen Balancing** orientieren sich nicht an einer Maximal oder Minimalspannung, sondern nur am Spannungsunterschied zwischen einzelnen Zellen oder Stränge. Sie können sowohl während des Ladens, der Entladung oder auch in der „Stand By" Phasen genutzt werden.
Dieses dynamische Verfahren bezeichnet man als **aktives Balancing**, den der Balancer entscheidet welche Zelle er zugunsten einer niedrig geladenen Zelle balanciert. Der Wirkungsgrad der Ladung ist hier größer, denn kein Strömchen geht verloren.
Auch hier gibt es einige interessante Besonderheiten:

- Die externen, aktiv dynamische, Balancer (z.B. Heltec) arbeitet zwischen 2,7V bis 4,2V und balancieren mit bis max. 5A. Wird dieser Balancer für einen 50 Zellen Strang verwendet, liegt der Balancingstrom immerhin bei 0,1A! Bei einer Differenzspannung von 0,1V wird z.B. mit 1A balanciert.
- Einfache aktive Balancer gleichen nur zwischen benachbarten Zellen aus, der Ladungsausgleich wird dann ggf. mehrfach durchgereicht.
- Sie vernichten keine Ladung, diese wird zwischen den Zellen oder Zellsträngen umgelagert, die Ladezeit ist damit kürzer.
- Jeder aktive Balancer mit Ausgängen OVP/UVP/ÜT ist in sich schon ein BMS System!

Bei der Wahl des Balancing muss man unbedingt die Art der Zellen, des Einsatzgebietes des Akkus und der Qualität der Zellen (A, B, C Ware oder sogar gebraucht) berücksichtigen.
Bei vier Strängen mit insgesamt 178 Rundzellen ist die Wahrscheinlichkeit von Fertigungstoleranzen einfach um ein Vielfaches höher als bei 4 Blockzellen. Ein handelsüblicher Balancer misst die Spannung des Stranges und damit den Mittelwert aller Zellen im Strang. Der Bypass wird am Strang angelegt und es werden, innerhalb eines gewissen Spannungsbereiches, auch Zellen mit Balancingstrom belastet, die es eigentlich nicht nötig hätten.
Ein dynamisches Balancing sieht zwar bei einem Rundzellenstrang auch nur den Mittelwert, arbeitet aber im Gegensatz zu den Smart BMS Balancer mit wesentlich höheren Ausgleichsströmen und über den ganzen Spannungsbereich. Deshalb sollte man bei Strängen aus Rundzellen eigentlich auf ein Top Level Balancing verzichten und stattdessen ein dynamisches Balancingverfahren einsetzen.
Eines muss man aber zum Thema „Balancing im Zellverbund" auch sagen: Lässt man den ca. 50 parallel geschalteten Zellen eines Verbundes ohne Ladung/Entladung genügend Zeit (3-4 Tage,) dann gleichen sich die Zellladungen auch ohne Hilfe von außen aus. Wer aber alle zwei Stunden auf seine App schaut, permanent lädt und entlädt, wird immer Differenzen sehen.
Auch das Einsatzgebiet muss berücksichtigt werden. Bootsbatterien werden immer im oberen Ladelevel (90% SoC) gehalten, hier funktioniert ein Top-Level Balancing. Auch Wohnmobil Batterie werden meist im Bereich 50-90% SoC gehalten, hier ist es damit relativ egal welches Verfahren zur Anwendung kommt, hier ist es höchstens die Frage nach der Zeit und damit nach dem Balancingstrom. PV Speicherbatterien werden ohne Sonne auf 20% SoC entleert, hier sehe ich für ein dynamisches Balancing Vorteile.

Kauft man selektierte Zellen erster Wahl und zu 90% initial geladen, aber für den Transport wieder auf 20% SoC entladen, liegen die einzelnen Zellspannungen nicht sehr weit auseinander. Bei einer SoC Differenz von 2%, und um diese geht es im Endeffekt, beträgt der Unterschied einer 100Ah Zelle ca. 2 Ah. Hier genügt das mehr oder weniger kontinuierliche Zellbalancing mit 0,05A, um eine abweichende Zelle in 40 Stunden anzugleichen.

Kauft man aber nur vorgeladene, nicht selektierte oder gebrauchte Zellen sehr preisgünstig als B- oder C-Ware, kann man schon mit 10-20% Toleranzen rechnen. Dann ist die Differenz u.U. 10Ah, und der 0,05A Balancer arbeitet 200 Stunden! Dies gilt sowohl für polmontierte als auch für Smart BMS Balancer.
Ist das Initialbalancing aber abgeschlossen und die Batterie im ausgeglichenen Normalbetrieb, ist die Anforderung an das Balancing erheblich geringer.
Das BMS, das Zellbalancing und die ständige Bt-Anbindung benötigen natürlich Strom. Bei durchdachten Systemen geht das BMS nach einer gewissen Zeit der Inaktivität in einen Schlaf- oder Hibernate Modus, um diesen Strombedarf zu unterbinden. Eine Stromanforderung weckt es dann wieder auf.
Hier eine Beschreibung des Balancing Systems der Liontron Akkus sowie die Behebung eines Disbalancings. Sie ist nicht von mir sondern von einem Mitarbeiter, der sich beruflich mit der Reparatur von Löwen Akkus beschäftigt. Diese Beschreibung gilt speziell für die Liontron Akkus ist aber generell für alle Li Akkus mit Top Level Balancing anwendbar.

Ein Balancier-Vorgang wird bei diesen Batterien nur nahe am Vollladezustand bei Überschreiten einer einprogrammierten Spannung durchgeführt. Dabei werden die am stärksten geladenen Zellen(stränge) durch einen "Bypass" mit etwas weniger Strom (30-50mA, der Autor) als die schwächeren Zellen(stränge) aufgeladen. Die am schwächsten geladene Zelle(nstrang) wird daher niemals "balanciert".
Wir haben die Batterie zuerst einmal bis zur Abschaltung des Ladestroms durch das BMS voll aufgeladen. Anschließend haben wir die Batterie entladen, bis der Vorgang vom BMS der Batterie gestoppt wurde. Ein Entladestopp erfolgte über die am schwächsten geladene Zelle (Strang) #2, die als erste vollständig entladen war. Dabei hat die Batterie laut unserem Kapazitätsmessgerät 93,56Ah geliefert.
Zwischen der angezeigten (93Ah, der Autor) und der tatsächlich nutzbaren Kapazität (105Ah, der Autor) tritt bei den Liontron Batterien unvermeidlich eine Differenz auf wenn man diesen Batterietyp mit niedrigen Entlade- und Ladeströmen unter ca. 0,7A betreibt, da eine

so niedrige Stromstärke vom Liontron-BMS gar nicht oder nur teilweise registriert wird.
Im Prinzip könnte man die Batterie daher mit z.B. 0,5A Entladestrom komplett entladen, ohne dass die Kapazitätsanzeige dabei absinkt. Als Abhilfe, also damit die Anzeige in so einem Fall nicht plötzlich von z.b. 80% auf 0% springt, schaltet das BMS die Kapazitätsanzeige bei Unter- oder Überschreiten einiger Spannungswerte einfach auf z.B. 0%, 40%, 80% oder 100% Ladezustand. Wegen der zwischen 20% und 90% Ladezustand sehr flach verlaufenden Spannungskennlinie bei LiFePO4-Zellen ist die Bestimmung des Ladezustands aus der Batteriespannung prinzipiell nur ungenau möglich.
Es ist bei diesem Liontron Batterietyp notwendig, regelmäßig eine vollständige Aufladung durchzuführen, damit die Ladezustands-anzeige durch Erkennen des Vollladezustands vom BMS wieder auf 100% gesetzt wird.
Abweichungen zwischen der tatsächlich nutzbaren und der angezeigten Kapazität können natürlich auch durch einen Zellendefekt, oder durch einen im Betrieb sukzessive entstandenen, ungleichmäßigen Ladezustand (sog. Disbalance) der internen Zellenpacks (4 Stränge a`44 Rundzellen, der Autor) verursacht werden. Da es nicht möglich ist Akkuzellen so herzustellen dass sie sich völlig identisch verhalten, gibt es in einem Akkupack schon von Anfang an immer geringe Unterschiede in der Kapazität und auch im Wirkungsgrad der Einzelzellen (und damit eines Zellstranges, der Autor) beim Laden bzw. Entladen. Damit sich die Unterschiede nicht mit jedem Gebrauch immer weiter aufschaukeln, benötigen Lithium-Batterien ein Batterie-Management-System mit einer Balancer Funktion.
Um dies schnell auszugleichen haben wir die Batterie geöffnet und die vier internen Zellenpacks mit einem externen Ladegerät mit aktivem Balancer aufgeladen, um die Disbalance der Zellen-Ladezustände auszugleichen. Dabei hat sich ergeben, dass zwischen der am stärksten und der am schwächsten geladenen Zelle(strang) ein Unterschied von rund 12Ah im Ladezustand bestand. So eine große Disbalance lässt sich mit dem in der Batterie integrierten BMS leider nicht in einem praktikablen Zeitraum ausgleichen.

Der integrierte Balancer des Liontron-BMS wird aber nur dann aktiv, wenn er einen Ladevorgang erkennt, zuverlässig also erst ab ca. 0,7A Ladestromstärke. Aus technischen Gründen ist der Balanciervorgang außerdem erst recht nah am Vollladezustand möglich.
Dabei sollte der Ladestrom nicht längere Zeit unter 1A betragen, um angesammelte Ladezustandsunterschiede rechtzeitig auszugleichen, bevor sie sich zu stark aufsummieren.
Durch häufigen bzw. ständigen Betrieb mit einem niedrigen Lade-/Entladestrom unter ca. 0,7A (keine Erkennung, der Autor) kann sich eine sehr große Disbalance aufsummieren. Die am schwächsten geladene Zelle(nstrang) begrenzt dann den Entladevorgang (Zellstrang UVP, der Autor) und somit die nutzbare Kapazität, da sie nicht tiefentladen werden darf. Beim Aufladen wird immer zuerst die am stärksten geladene Zelle(nstrang) voll (Zell OVP, der Autor), dann darf die gesamte Batterie aber nicht noch weiter geladen werden, da Lithium-Batterien bei Überladung zerstört werden.
Somit begrenzt die am stärksten geladene Zelle(nstrang) das Ende des Ladevorgangs (Gesamt OVP, der Autor). Dadurch sinkt die Insgesamt nutzbare Kapazität des Akkupacks während durch Disbalance der Ladezustände (da die schwächer geladenen Einzelstränge nicht mehr voll geladen werden, der Autor). Das BMS erkennt dies, und "korrigiert" die Anzeige der Nennkapazität entsprechend.
Um sicherzugehen, dass wirklich kein Fehler im Akkupack oder an der BMS-Elektronik vorliegt, haben wir mehrfach einen vollständigen Lade-/Entladezyklus durchgeführt. Nach dem erfolgreichen Ausgleichen der Ladezustandsunterschiede und mehrfachem Zyklen weist die Batterie nun eine nutzbare Kapazität von rund 105Ah auf.

Selbstbau eines Lithium Batteriesystems

Dieses Buch über Lithiumbatterien habe ich nicht für Batterie- oder Elektronikfachleute geschrieben, sondern für Wohnmobilfahrer, die auf einen leistungsfähigeren Stromspeicher umstellen möchten. Ein Austausch oder gar ein Selbstbau ist keine Raketentechnik. Aber eines sollte man beim Bau einer Lithiumbatterie im Hinterkopf behalten: Der Kurzschlussstrom einer 200 Ah Li-Batterie liegt bei bis zu 2000 A. Wenn diese Leistung beim sorglosen Umgang mit einem Schraubenschlüssel oder einer Rätsche auf einen Schlag freigesetzt wird, gibt es diesen Schraubenschlüssel nicht mehr! Ein Schweißgerät liegt übrigens bei ca. 200 A. Nehmen Sie bitte auch alle Ringe und die Armbanduhr ab. Bei diesen Stromstärken ist es wichtig, isolierte Werkzeuge zu verwenden und alle Verbindungen, auch die zu Chassismasse, sauber, fest und ohne Übergangswiderstände herzustellen.

Und für die folgenden Ausführungen ist meine Devise:
„Halte die Technik einfach und überschaubar“.

Werkzeug und Messgeräte

- Digitalvoltmeter mit Strommessung bis zu 10A
- Strommesszange DC bis 200A
- Eventuell Temperaturfühler
- Konstantspannungsnetzgerät, 3,65V bis 15V und 10A
- Last für Funktionstest (z.B. 3x Kfz Glühlampen a 55W skalierbar 4,2A/8,4A/12,6A Belastung
- Smartphone oder Tablett mit Bluetooth
- Akkuschrauber mit Bits und Bohrer
- Seitenschneider oder Kabelsäge
- Presszange und passende Kabelschuhe
- Einstellbaren Drehmomentschlüssel 2-40 Nm

Günstige Ladegeräte (70-90€) für Einzelzellen- oder Gesamtladung gibt es von Kungber, Eventek oder Hanmatek.
Ein Test darüber finden Sie hier: https://cjulion.com/gewerbe-industrie-wissenschaft/labornetzgeraet-bestseller/

Auch für die Elektrik benötigt man Werkzeug:
Alle Litzenkabel müssen mit Adernendhülsen versehen werden, dazu gibt es eine **Adernendhülsenpresszange**. Für Kabelstecker oder Kabelösen für Kabeldurchmesser zwischen 0,75 mm^2 und 4 mm^2 genügt eine **Crimpzange**, es sollte aber eine gute sein.

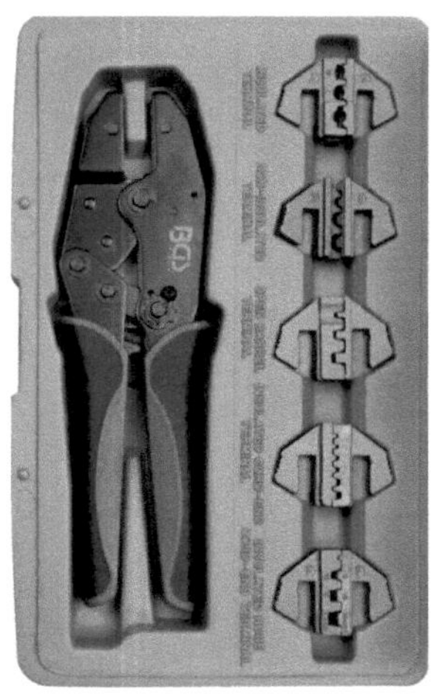

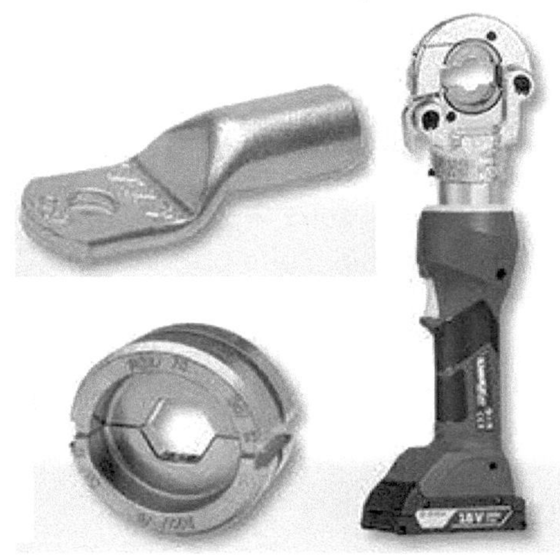

Für Presskabelschuhe von 6 mm^2 bis 50 mm^2 benötigt man eine **manuell/hydraulische Crimpzange**. Kabelschuhe und Crimpzange müssen zusammenpassen, denn in die Quetschung kann man später nicht mehr rein sehen.
Deshalb **Achtung**, bitte nicht nur eine gute Crimpzange verwenden (z.B. Cempre oder Klauke), sondern auch die zu dieser Zange passenden Kabelschuhe (4/6 Kant/Trapezpressung) verwenden.
Für Kerbpressung gibt es andere Kabelschuhe (Typ F). Feindrahtige Kabel (Klasse 6 nach DIN EN 60228) müssen mit Quetschkabelschuhen mit Dornpressung, Vierdornpressung oder Kerbung gepresst werden.
Bei Plus- und Minuspolen oder -verteiler müssen Schnorrscheiben zwischen Mutter und Kabelschuh liegen.
Dabei geht es darum, den Anpressdruck des Kabelschuhs auf die Verteilerschiene über einen längeren Zeitraum aufrecht zu erhalten. Einfache Federringe sind dafür ungeeignet.

Das Kupfer der Kabelschuhe ist recht weich und hat ein anderes thermisches Ausdehnungsvermögen als die Schraube.
Daher wird mit der Zeit das Material des Kabelschuh dünner und der Anpressdruck wird kleiner, der Übergangswiderstand steigt, die thermische Belastung steigt ... der Ausfall naht. Hier ein paar Tipps dazu:
https://www.klauke.com/de/de/kabelschuhe-richtig-verpressen

Kleinteile für den Eigenbau

- Schrumpfschlauch in rot, blau, schwarz in allen Ø
- Flüssiggummi rot/schwarz, Liquid Tape
- Kabelbinder und Kabel Spiralband
- Diverse Kabelstärken in rot, blau
- Würfelsicherungen, abgewinkelt, für den Batteriepol
- Schraubadapter für Li-Pole
- Strom- bzw. Masseverteilerschiene

Bausätze für den Eigenbau

Wenn Sie sich für eine grundsätzliche Lösung der Batterieschutzabschaltung entschieden haben, können Sie jetzt auch die Angebote des Marktes besser einordnen.

Meine Präferenzen liegen aus Produkt-, Mängelhaftungs-, Zoll- und Abrechnungsgründen in Europa, genauer gesagt in der EU.

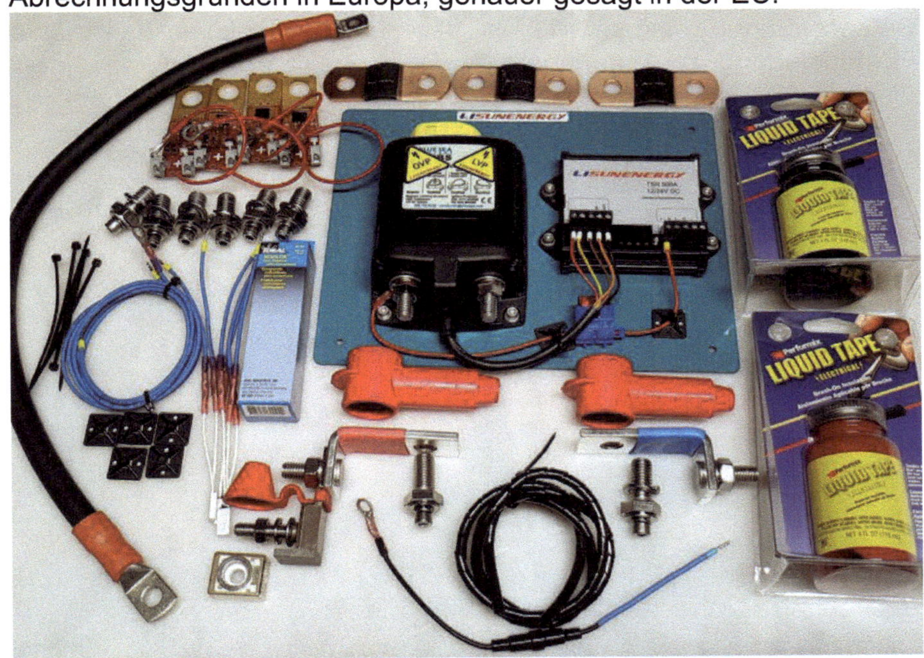

An erster Stelle stehen in meinen Augen die Bausätze von Lisunenergy. Sie sind bewährt und der Hersteller/Lieferant gibt einen sehr guten telefonischen Support. Er ist einfach, solide, gut durchdacht und einfach zusammenbaubar.

Die notwendigen Schutzfunktionen OVP/UVP/ÜT und UT werden mit Hochstromrelais kontrolliert. Im Bausatz sind alle notwendigen Teile, und bei der Dimensionierung wird man persönlich beraten.

Wer dieses Li-Batteriesystem nicht selbst zusammenbauen möchte, kann es auch als fertiges System kaufen.

Ein System von einer deutschen Mittelsstandsfirma nach dem Motto: Halte es einfach und stabil und konstruiere so, dass es auch in der Wüste reparierbar oder mit einem Bypass umgehbar ist.

Das ist bei vielen Fertigsystemen nicht so ohne weiteres gegeben! Die Zellen und das Gehäuse kommen dann nach Wahl dazu.

Die nächste Abbildung zeigt die „**KISS BMS** Grundeinheit (Keep It Straight & Simple), die als Bausatz oder fertig aufgebaut von der Fa. Faktor bezogen werden kann. Hier ist ein einfaches BMS mit Balancermodul, einem UVP/OVP Leistungsrelais und einer Fernbedienung zusammengestellt. Dazu wählt der Anwender noch einen Li-Akkublock und verbindet die Teile.

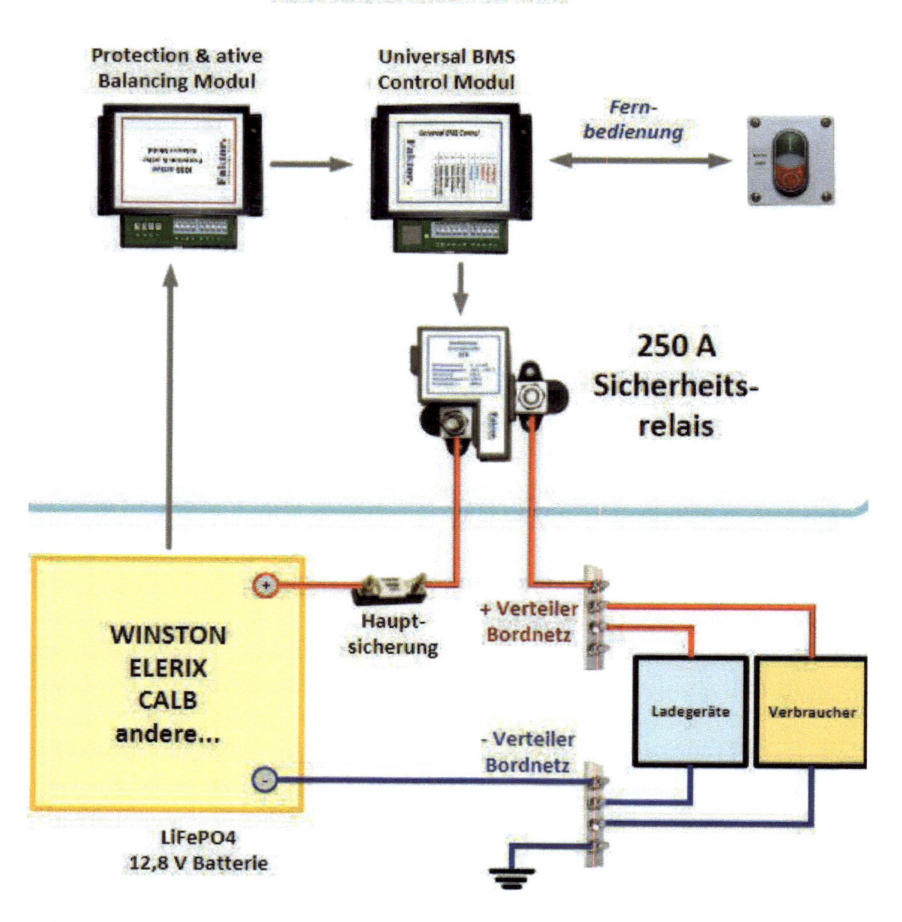

Von gleichen Lieferanten werden auch die **Emus G1 BMS Control Unit**, ein **Emus BMS MINI3 Logic +Powerhead** und ein **Emus BMS Display** angeboten.

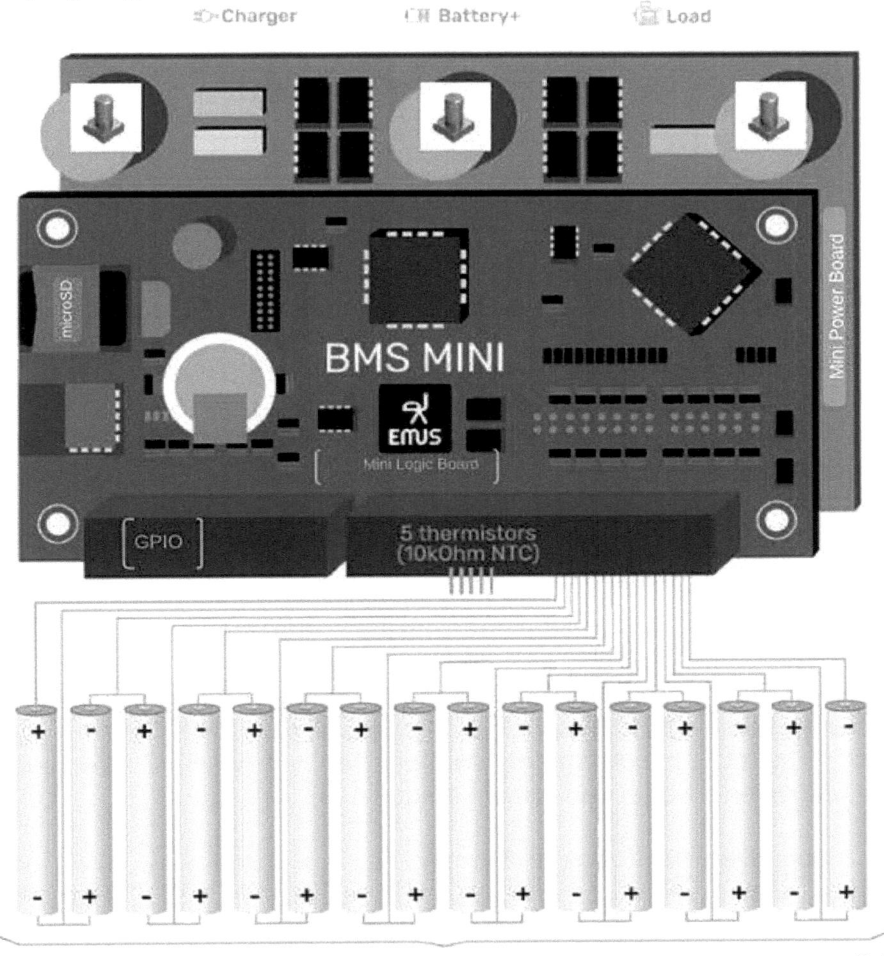

Damit lässt sich ein BMS System aufbauen, das einen wesentlich größeren Funktionsumfang besitzt

Die Funktionen dieser BMS Platine sind:

- 100 A Dauerstrom, Spitze 200-250 A; für Akkus mit 6-16 Zellen; Betriebsspannung von 12V;
- CAN Bus-Standardkommunikation, Unterstützung von RS485, micro SD-Karte zur Datenerfassung;
- Zellenspannungen und Temperaturen messen
- Batteriestrommessung
- Balancing der Zellen
- Integriertes Schütz zum Schutz der Batterie
- Integrierte Vorladeschaltung für den sanften Start von Motorcontrollern
- Anschluss an verschiedene Ladegeräte
- Konvektivität mit Eingängen zur Steuerung des BMS und der Batterie
- Anschlussmöglichkeit an Ausgänge zur Anzeige des Batteriestatus und der Steuerung
- Verbindung zu Android- und IOS-Smartphones zur Steuerung und Konfiguration

Über eine Control Unit kann man das BMS und die Display Unit mit vielen Ladern etc. verbinden.

Bezugsadressen für Komplettsysteme zum Selbstbau:
http://lisunenergy.de/ und
https://www.faktor.de/batterien/komplettsysteme/
mit BMS von ECS, 123, Boostech, EV Power oder als KISS.
Faktor bietet auch Adapterschrauben (Mx auf M6/8) Zellverbinder, konfektionierte Kabel und andere Bauteile an.

Bezugsquellen für Zellen in Europa: Fa. InnoPower, Fa. GWL, oder Energiepanda.

Auch die **Fa. ECS** bietet einen Bausatz an:

Und hier ein Bausatz der **Fa. 123**

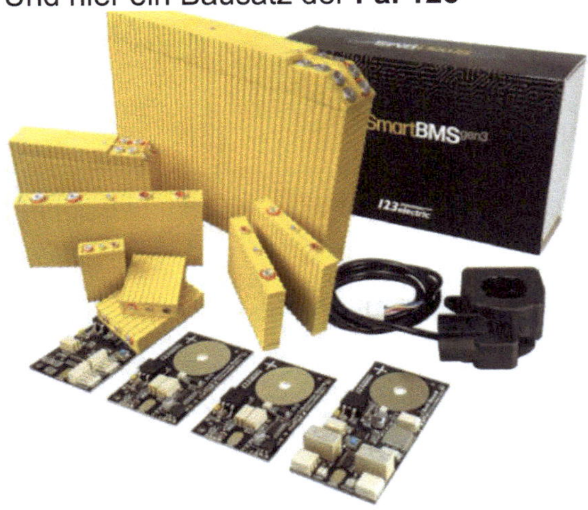

Außerdem gibt es auch noch Bausätze des polnischen Lieferanten GWL. Ein weiterer Lieferant wäre z.B. die amerikanische Fa. Overkill Solar.

Hier ein Bausatz für ein **Lithium/Blei Hybrid System** der **Fa. BOS**. Sie stellt dieses System auch der Fa. Hymer als „Hymer smart Batterie“ System zum Einbau zur Verfügung. Die Funktion habe ich ja bereits erklärt, hier ein Schaltbild und technische Daten.

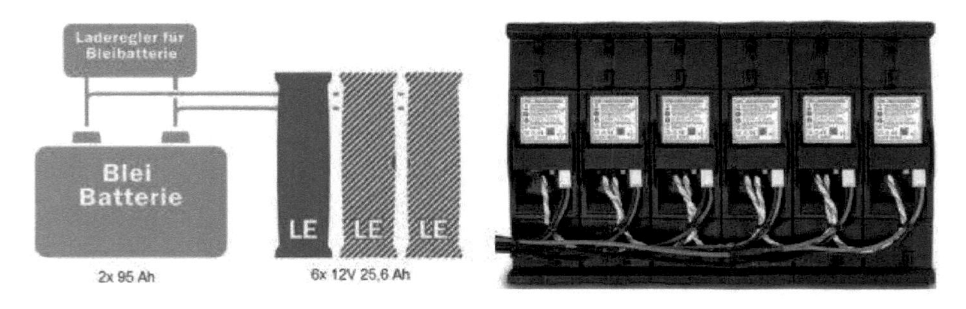

- Die LE300 ist eine Lithium-Eisen-Phospat Batterie (LiFePO4).
- Es wird keine Änderung am vorhandenen Ladesystem benötigt, da fast alle Ladesysteme eine Ladespannung von mehr als 14V haben.
- Die Gehäuseabmessungen einer Zelle betragen 175x229x67 mm bei einem Gewicht von 3,4 kg
- Die LE300 wird einfach parallel zum vorhanden Bleisystem geschaltet (2 Kabel anschließen).
- Die LE300 verfügt über eine integrierte Heizung, somit ist eine Ladung ab -20°C Zelltemperatur möglich, Entladung ist zwischen -10°C bis +60°C möglich.
- Die LE300 verfügt über eine E-Zulassung für Kfz.
- Wenn aus der LE300 90% Kapazität entnommen wurden, schaltet sie selbstständig ab.

Weitere Info und Bezug:
https://www.ferropilot.de/elektrik/Lithium-Extension-Batterie/

Zellen und Balancer für den Eigenbau, Anordnung

Reine Zellen in verschiedenen Ausführungen kann man bei den vorher angeführten Firmen natürlich auch beziehen.
Achten Sie bei der Auswahl der Zellen auf ein A-Klasse /Grade/Wahl. Der Produzent trifft diese Einstufungen nicht aus Spaß, sondern aufgrund seiner Qualitätskontrolle. Er hat, wie der Obsthändler, dafür seine Gründe. Zellen aus B- oder C- Grade/Wahl sind zwar wesentlich „billiger“, haben aber meist auch z.B. mit einem größeren Innenwiderstand. Die Kunst beim Zellenkauf ist es Schrott und Top zu unterscheiden Wenn Sie hier eine Mischung aus A und C Zellen erwischen, werden sie Probleme mit dem Balancing haben, denn in einer Reihenschaltung bestimmt der höchste Widerstand den Gesamtstrom!
Li-Zellen sind ein Massenprodukt und werden meist zu Akkupacks verbaut. Die Zellen >200Ah haben deshalb eine punktschweißfähige Poloberfläche, wie auch die herkömmlichen NiCd Kleinzellen. Eine Punktschweißoberfläche ist fertigungstechnisch einfacher herzustellen als ein M6/M8 Gewinde, und in einem Gabelstabler-Akkublock oder einer USV Anlage werden die einzelnen Zellen nicht miteinander verschraubt sondern verschweißt (Rüttelbetrieb). Nur für Bastler ein Gewinde in die beiden Pole zu schneiden, ist in meinen Augen nicht zielführend. Wenn man aber B oder C Ware oder Langlagerware aufkauft, mit der der Originalhersteller nicht unbedingt in Verbindung gebracht werden möchte ist es sicherlich sinnvoll die Ware neu zu folieren und für den Kleinabnehmer mit Anschlussgewinden zu versehen.
Übrigens: Bei den blauen Zellen sollen auch bereits gebrauchte Zellen (2nd Life Zellen oder used) im Umlauf sein. Einen Beweis dafür gibt es nicht, aber der Verdacht liegt nahe. Die Preisunterschiede sind manchmal einfach zu groß, um sie mit „der hat halt besser kalkuliert“ erklären zu können.
Ein Merkmal dafür sind entfernte Barcodelabel und Bearbeitungsspuren an den Polen. Die Originalzellen haben übrigens eine Seriennummer. Liegen die Seriennummern nahe beieinander, kann man zumindest vermuten, dass sie aus der gleichen Fertigungscharge kommen.
Eine Möglichkeit um Falschangaben bei preisgünstigen Zellen heraus zu finden ist das Gewicht.

Wie schon beschrieben liegt die Energiedichte bei LFP Zellen bei ca. 120W/kg. Multiplizieren Sie die Zellspannung 3,2V mit den angeblichen „304Ah und teilen Sie durch das Gewicht der Zelle 5,4kg lt. Angabe (3,2V x 304W/Kg / 5,4 kg = 180 W/kg). Hoppla, diese Energiedichte als Fertigungslevel, Stand 2023, ist noch nicht erreicht!!

Die Anzahl der Zellen und ihre Verschaltung (Reihe und eine Kombination aus Parallel und Reihe) bestimmt die Ausführung der Balancer. Hier mögliche Anordnungen der Zellen für einen 12V oder 24V Akkublock, um den Anschluss von Pol zu Pol auf die richtige Stelle zu bekommen (Sicht von oben):

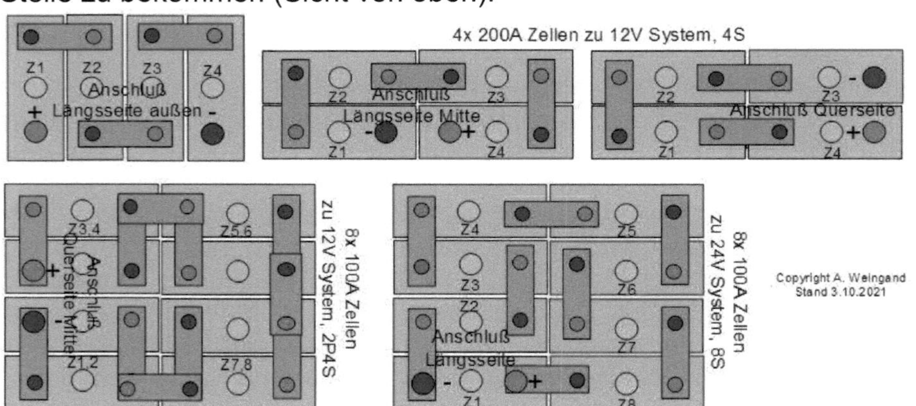

Achtung: Bei den blauen Becherzellen ist der schwarz markierte Pol Plus, der weiß markierte Pol ist Minus! Auf dem Gehäusebecher liegt Pluspotential, deshalb Achtung auf gegenseitige Isolation!

Balancermodule, passive & aktive, Hochstromrelais

Hier einmal als Beispiel verschiedener **Zellbalancer** bzw. auch einfache BMS Platinen, die entweder direkt auf die Batteriepole montiert werden oder auf einer gemeinsamen Platine zusammengefasst sind. Auch diese Balancer haben einen Signalausgang für OVP/UVP und eventuell ÜT integriert. Man könnte sie damit als BMS System bezeichnen.

Einer der Zellbalancer „Top Level Balancer", in Bastelkreisen bestens bekannt, ist der **LiPro1-3 V2** der Fa. **ECS**.

Er wird direkt auf den Polen montiert. Mit dem LiPro6 gibt es auch einen aktiven Balancer mit 5-8A. Die Schutzfunktion des passiven Balancer LiPro1-3 beinhaltet:

- **Balancer Strom ca. 0 - 3 A**
- Balancer Start Spannung 3,6 V,
- Tiefentladeschutz (LVP1, verzögert) bei 2,8 V
- Tiefentladeschutz (LVP2, unverzögert) bei 2,6 V
- Überladeschutz (OVP) bei 3,9 V
- 4 LEDs zu Anzeige von: Funktion, Error, LVP, UVP
- Übertemperaturschutz 80°C

Oder der **LiPro1-6** von **ECS**

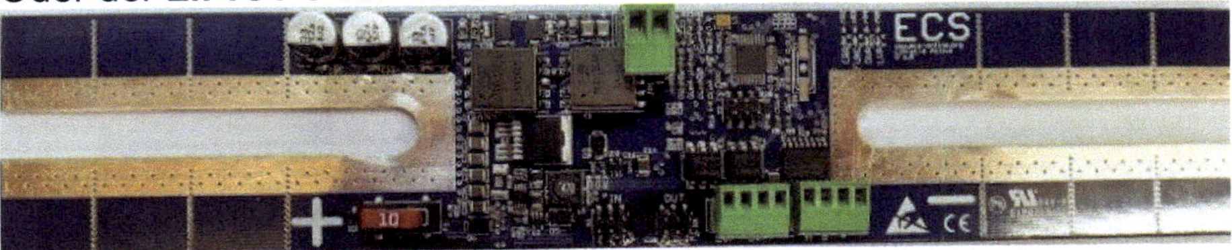

Dies ist ein „aktiver Top Level Einzelzellen Balancer" mit einem

- **Balancer Strom von ca. 5 - 8 A**
- Balancer Spannung 3,65 V (einstellbar)
- Tiefentladeschutz (LVP1, verzögert) bei 2,8 V (einstellbar)
- Tiefentladeschutz (LVP2, unverzögert) bei 2,6 V
- Überladeschutz (OVP) bei 3,9 V (einstellbar)

- 4 LEDs zu Anzeige von: Funktion, Error, LVP, UVP
- Übertemperaturschutz 80°C (einstellbar)
- Schaltausgänge mit elektronischen Relais (1A)
- Geringe Leistungsaufnahme: Weniger als 0,1W
- Besitzt eine galv. getrennte RS485 Schnittstelle

Ein Balancer der Fa. **EV Power**

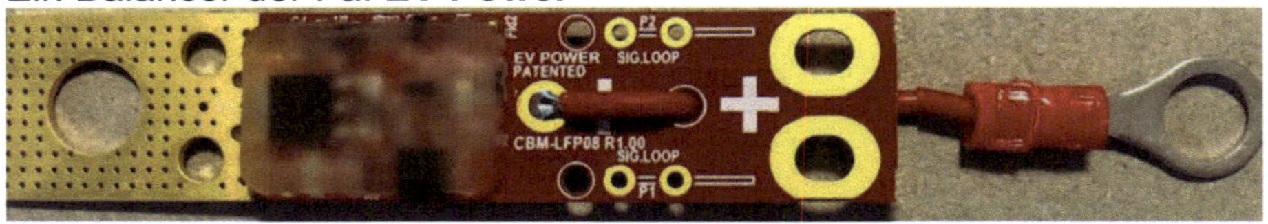

Ein „passiver Top Level Balancer“ mit folgenden Daten

- **Max. Bypass Current: 1A**
- Nominal Cell Voltage: 3.2 bis 3.4V
- Bypass Voltage: 3.60V (Bypass shunt will switch on)
- Power Consumption: < 2.5mA
- LED Indicators: Green ON=OK), Red ON=Bypass active)
- Safety Limits: 2.6V < OK < 4.0V (**nur Winston Zellen!**)
- Current Loop Relay: Normally closed within safety limits.
- Max Signal current: 100mA (non-polarized) maximum

Ein weiteres System ist das **123 (Smart) BMS**.

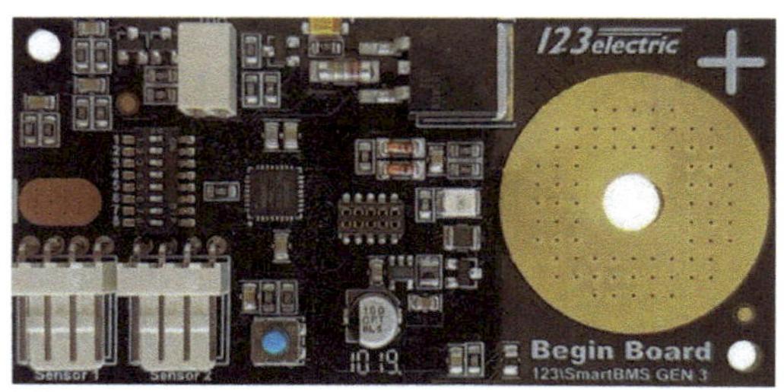

Diese Balancer (3x Zell-in und 1xZell-out)“ ist ein passiver Top Level Balancer, allerdings mit BMS Funktionen wie UVP/OVP/UT/ÜT mit folgenden Werten.

Hier gibt es ein User Manual, Web: 123electric.eu

- **Balancerstrom ca. 1A**
- Balancer Spannung 3,75V,
- UT +=°C

Übrigens: Die Firmen ECS, 123 und EV Power sehen ihre Balancermodule auch als BMS System, und führen sie auch so auf.

Allerdings beinhalten diese Balancermodule keine Hochstromrelais, teilweise aber eine kräftige und potentialfreie Ansteuerung der UVP/OVP/ÜT Schutzabschalter.

Einen Vertreter eines **aktiven dynamischen Differenzial Balancer** auf kapazitiver Basis für vier Zellen sehen Sie hier. Er arbeitet zwischen 2,7V bis 4,2V und balanciert mit bis **max. 5A.** Bei einer Differenzspannung von 0,1V wird mit ca. 1A balanciert, bei einer Differenz von 0,5V mit 5A. Dazu wird aus der höchst geladenen Zelle Strom in die am wenigste geladene Zelle transferiert. Dieses Verfahren arbeitet unabhängig von Ladung, Entladung oder Stand-by, so dass ein ständiges Balancing statt findet. Der Wirkungsgrad der Ladung ist hier größer, denn kein Strömchen geht verloren.

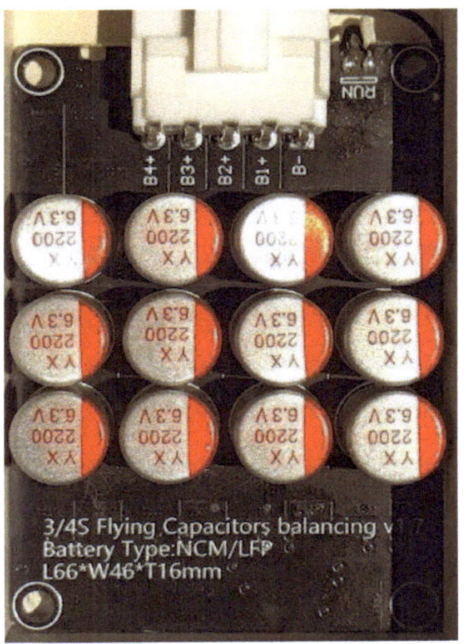

Mit der Brücke „Run“ kann man den Balancer dauernd aktiv schalten, die LED zeigt an, ob das Balancing aktiv ist. Der Ruhestrom des 4P Balancers beträgt 12mA.
Er wird separat montiert und von der Steckerfassung gehen dann fünf Anschlüsse zu den Zellen.
Legt man die Einschaltschwelle auf eine Zellspannung von 3,37V, verhindert man schon mit dem Balancer, dass die Zelle OVP meldet.
Legt man die Einschaltschwelle tiefer, auf etwa 2,6V, verhindert man, dass die Zelle im unteren, steileren Spannungsabfall, eine UVP Situation meldet.
Ein ggf. integriertes Balancing auf dem Smart BMS muss beim Einsatz eines externen Balancer abgeschaltet werden, um klare Verhältnisse zu haben. Meist erhöht man dafür die Schwellwerte des internen Balancers über die des externen Balancers.

Ich versuche mal die Frage "passives Top Balancing" oder aktives Balancing" aus meiner Sicht zu beantworten. Beide Systeme haben ihre Vor- und Nachteile, man muss halt abwägen.

passives Balancing, 30-50mA, on Board Balancing, dann

- wenn gute, vorselektierte Zellen verwendet werden,
- wenn die Zellen vor dem Einbau mindestens 3-4x komplett entladen und wieder geladen werden,
- wenn das Balancing in der Winterpause (ohne Ladung/Entladung) abgeschaltet werden kann,
- wenn die Zeitdauer des Balancing nicht so wichtig ist. Bei preisgünstigen Zellen mit großer Kapazität (10% Unterschied) kann das mit 30-50mA Balancingstrom schon mal 60h dauern!

aktives Balancing, 0,05-5A, externer Balancer, Pol Balancer, dann

- wenn preisgünstige, nicht vorselektierte Zellen verwendet werden,
- wenn keine Möglichkeit besteht die Zellen bei der Erstladung mit ca. C5-C10 zu laden und entladen,
- wenn ganzjährig Solareinspeisung oder Landstrom anliegt,
- wenn das Balancing nicht zu lange dauern (5-6h) soll.

Einen Mischbetrieb (passive & akt. Bal.) würde ich nicht führen, das verwirrt u.U. nicht nur die Balancer, sondern auch die Nutzer. Man kann deshalb die Parameter des internen BMS Balancer so setzen, dass er gar nicht erst den Betrieb aufnimmt
Im Falle der Balancer bin auch ich für einen "Automatikbetrieb", der Balancer misst öfters und genauer als ich.
Balancing sollte immer stattfinden können, also sowohl beim Laden und Entladen als auch im Stand By Betrieb (Winterpause).

Schutzabschalter per Relais und Hochstromschalter

Viele Balancer Module arbeiten im OVP/UVP/Übertemperatur Signalausgang mit Optokopplern, um eine galvanische Trennung zur Akkuzelle sicherzustellen. Diese Optokoppler arbeiten mit einem 50 mA Stromschleife. Damit kann man aber kein Relais direkt ansteuern. Deshalb muss das Steuersignal der Balancer (OVP/UVP/ÜT) in eine SSR konforme Steuerspannung konvertiert werden.

Dazu wird ein **SSR Converter** benötigt. Dieser Typ beinhaltet zwei getrennte Einheiten mit einmal vier, und einmal drei Schaltausgängen und einem Eingang pro Einheit. Damit lassen sich also pro Einheit bis zu vier Relais ein- oder ausschalten. Die Schaltspannung liegt jeweils bei ca. 5V mit max. 0,1A Schaltstrom.
Der Ruhestrom beträgt ca. 4 mA, zusammen mit den beiden UVP/OVP SSR Relais kommt man aber damit schon auf ca. 25 mA Ruhestrom. Rechnet man dann noch den Schleifenstrom für die OVP/LVP Überwachung von 50 mA dazu, sind es für das ganze BMS System ca. 0,075 A.

Ist das UVP, OVP, ÜT Signal in einer Form, um ein Hochlastrelais zu steuern, kommen wir zu den Leistungsschaltern zwischen 150 und 250A Schaltstrom.
Solange es sich nur um die Batterietrennung im OVP/UVP Fall handelt, ist das ganze Thema noch recht einfach. Aber wie ist es mit der Wiederinbetriebnahme? Zuerst muss bei OVP der Grund für die Überspannung gesucht, gefunden und beseitigt werden. Bei UVP müssen die Verbraucher abgeschaltet werden.
Geschieht dies alles manuell, hat man darüber die Kontrolle. Möchte man sowohl Abschaltung als auch Wiederaufschaltung automatisch gestalten, wird es komplizierter. Denn hier sollte die Automatik bei UVP eine Zeit zur Batterieerholung einberechnen und die verschiedenen Verbraucher einzeln und nacheinander aufschalten. Damit wird ein wiederholter Einbruch auf den unteren Schwellwert durch Einschaltstromspitzen verhindert.

Ein ganz wichtiger Punkt bei einer automatischen OVP/UVP Abschaltung/Wiederaufschaltung ist deshalb die Hysterese der Schwellwertschalter. Ein Beispiel dafür ist der **modifizierte "fernsteuerbare Batteriehauptschalter mit UVP/OVP Schutz"** (im unmodifizierten Original ist es der auf Bleibatterien ausgelegte TSA von Philippi).

Im Original sind hier ein UVP Abschaltwert von 11,2 V und ein Wiedereinschaltwert von 12,5V festgelegt. Bei > 11,2V wirft das Trennrelais die Verbraucher ab. Die Bleibatterie ist jetzt ohne Last, die Batteriespannung steigt auf 12,5 V an, das Trennrelais schließt wieder, und die Verbraucher ziehen wieder Strom. Durch diese Einschaltstrombelastung kann die Spannung wieder auf 11,2 V sinken und das Trennrelais trennt wieder, das System kommt ins Flattern!

Um dies zu verhindern gibt es von Lisunenergy ein **modifiziertes TSA**, bei dem die Werte für die Abschaltschwelle und die Wiederaufschaltzeit der Charakteristik von Winston $LiFePO_4$ Batterieblocks angepasst sind!

Das linke Bild (ohne Schutzabdeckung) zeigt ein solches Relais, das bei UVP und OVP auslöst und, nach Störungsbeseitigung, wieder manuell zurückgesetzt werden muss.

Ein weiterer Hochstromschalter ist der fernsteuerbarer UVP/OVP Schalter **greenSwitch** 12/500 der Fa. ECS mit wählbaren Betriebsmodi.

Mode 0, LVP,
Mode 1, OVP,
Mode 2, LVP invertiert,
Mode 3, OVP, invertiert,
Mode 4, LVP und OVP und Mode 5, LVP bzw. OVP AUTO

Aber diese halbmechanischen oder Solid state Relais werden immer mehr durch Schalter auf der Basis von MosFet Transistoren ersetzt.

Deshalb sehen Sie auf den BMS Platinen von DALY oder JBD kein Relais, sondern höchstens dicke Kühlbleche aus Kupfer.
Gerade bei Bluetooth gesteuerten Systemen ist die Wiederinbetriebnahme oft nicht so einfach. Hier sollte man wirklich die BA des Herstellers lesen. Eines ist sicher, die Fertigsysteme haben keinen Reset Knopf!
Und keiner weiß, ob das BMS trotz Zellenabschaltung noch Spannung für den (als Option installierten) Bluetooth Sender bereit stellt! Hier hilft es einfach mal die Wasserpumpe anzuschalten.

Einfacher Ladestromabschaltung bei Frosttemperaturen

Wer sein Wohnmobil im Winter benutzt und kein elektronisches BMS eingebaut hat fragt sich, wie er denn die kalte, halbleere Lithiumbatterie vor einer Ladung durch Lichtmaschine oder Solaranlage schützen kann. Bei Temperaturen unter +10°C im Inneren der Zelle sollte ja aus Gründen der Lebensdauer der Ladestrom erheblich reduziert oder besser unterbunden werden. Hier einmal ein relativ einfach zu realisierende Möglichkeiten. Man realisiert das mit der bereits vorhandenen **FrostControl** des Wasserboilers.

Bei fast allen Wohnmobilen ist der Boiler mit einem Frostschutzventil ausgestattet. Jedem Bastler sollte es möglich sein, einen Mikroschalter mit Schaltarm am Boden vor dem Frostschutzventil anzubringen. Löst die FrostControl bei +7°C aus, springt der blaue Knopf ca. 3-4mm aus dem Gehäuse.
Dieser Hub genügt, um einen Mikroschalter zu betätigen, der dann über ein zusätzliches Relais den Ladestrom unterbricht. Diese Lösung ist einfach und preisgünstig. Bei offenem Frostschutzventil in der Winterpause wird allerdings dann auch, bei wieder wärmeren Temperaturen, die Ladung durch Solar verhindert. Eine 12V Blink LED könnte aber darauf aufmerksam machen. Und wenn die FrostControl durch die laufende Heizung nicht mehr auslöst, ist es auch der Lithiumbatterie hoffentlich nicht mehr zu kalt zum Laden.

Elektronisches Smart BMS inklusive BC

Das bereits gezeigte „Ersatzschaltbild“ eines **Batterie Management Systems (BMS)** erfüllt alle Regel- und Schutzfunktionen, aber halt in konventioneller Relais- und Schaltertechnik. Diese Aufgabe kann man natürlich auch vollelektronisch lösen.

Das Thema „BMS“ ist damit ein weites Thema. Wie im täglichen Leben gibt es große Unterschiede was man unter „managen“ versteht, und dieses unterschiedliche Verständnis trifft man auch bei den BMS Systemen an. Zudem sind elektronische Systeme eigentlich nicht nur BMS sondern auch Informationssysteme mit den Funktionen eines Batteriecomputers.

Über Bluetooth kommen Information auf eine Smartphone App und werden dort dargestellt. In der Praxis heißt das: nicht nur Informationen über Ladung und Entladung und den aktuellen SoC, sondern auch die Spannung der Einzelzellen und Batterietemperaturen werden übertragen.

Ich möchte hier einmal meine Erklärung und Definition zu Grunde legen. Da Anwendungen und Akkus unterschiedlichen Anforderungen gerecht werden müssen, muss nicht jedes BMS die gleichen Funktionen besitzen. Also ein extrem unscharfer Begriff, der leider oft auch nur auf das Zellbalancing angewandt wird.

Ein BMS umfasst nicht nur das **Balancing** sondern auch verschiedene Batterieschutzmaßnahmen wie **Über- / Unterspannungsschutz, Über- / Untertemperaturschutz bei Ladung**, eine **Lade- / Entlade-Stromüberwachung** oder auch einen **Kurzschlussschutz**.

Zusätzlich dazu können noch Komfortfunktionen wie z.B. ein **Batteriecomputer** und eine **Bluetooth Anbindung** an das Smartphone integriert werden.

Und nun ein kurzer Einblick in die Funktion eines elektronischen BMS mit BC Funktionen.

Bei diesem Blick darf man nicht vergessen dass all die China Smart BMS für E-Bikes, E-Roller oder Golf Cars entwickelt wurden.

In einem Batterieblock werden vier oder mehr Li-Zellen in Serie geschaltet. Jeder Zelle hat aufgrund von Fertigungstoleranzen und unterschiedlichen Alterungserscheinungen individuelle Bedürfnisse an Ladung und Entladung.

Da man eigentlich alle Zellen gleichzeitig mit der gleichen Spannung laden möchte, muss man die individuellen Zellwerte (SoC) mit einem Balancing System anpassen bzw. ausgleichen. Für dieses Balancing gibt es zwar unterschiedliche Verfahren, aber bei fast allen elektronischen Smart BMS Systemen wird das **passives Balancing der Einzelzellen** in Form eines **Top-Level-Balancing** angewandt. Es ist einfach und preisgünstig zu realisieren. Hier wird die Zelle, die am ersten die eingestellte Spannungsschwelle erreicht mit einem Widerstand überbrückt. Der Ladestrom, oder zumindest ein Teil davon, wird damit über den Widerstand geleitet und nicht in die Zelle. Die anderen Zellen werden weiter geladen. Der Nachteil dieses Verfahrens ist ein relativ kleiner Balancerstrom.

Bei elektronischen BMS Systemen mit integriertem Balancing muss man darauf achten, dass die Anschlussleitungen auf den Zellen in der richtigen Reihenfolge montiert werden, sonst liegt u.U. die für den ersten Pluspol gedachte Leitung auf dem Minuspol der Reihenschaltung!

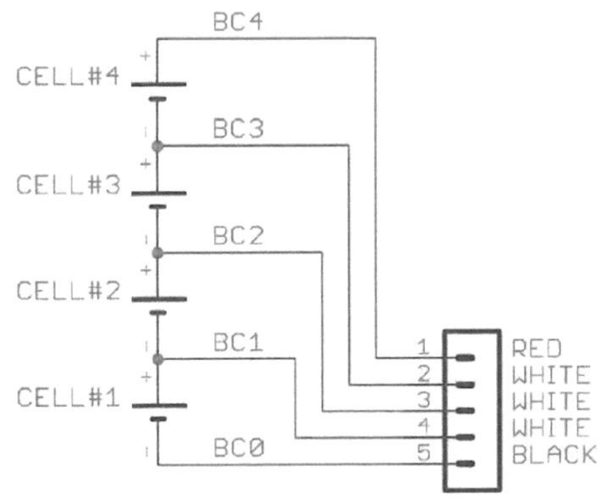

In Kabelsätzen ist die Leitung für den Pluspol meist rot, für den Minuspol schwarz. Der Balancing Strom der internen Balancer „Bleed resistors“ liegt meist um die 30-50 mA.

Da ein Smart BMS die Lade- und Entladeströme überwacht, ist auch ein „Shunt“, meist ein Halleffekt- oder Differenz-Magnetfeld Sensor eingebaut.

Gleichzeitig zum Balancing muss man den Akkublock vor Überspannung (OVP), Unterspannung (UVP), Zell-Übertemperatur (ÜT/OC) und einer Zell-Untertemperatur beim Laden (UT) schützen. Dies erledigt im Bild der OVP/UVP/OC Vergleicher / Comperator, der dann auch ggf. eine Schutzabschaltung auslöst.

Diese erfolgt elektronisch über eine Reihe von MosFet Leistungstransistoren. Diese können auf einen **Lade-** und einen **Entladezweig** aufgeteilt werden (Achtung Lastverteilung) oder in einer **Common Rail** zugeteilt werden.

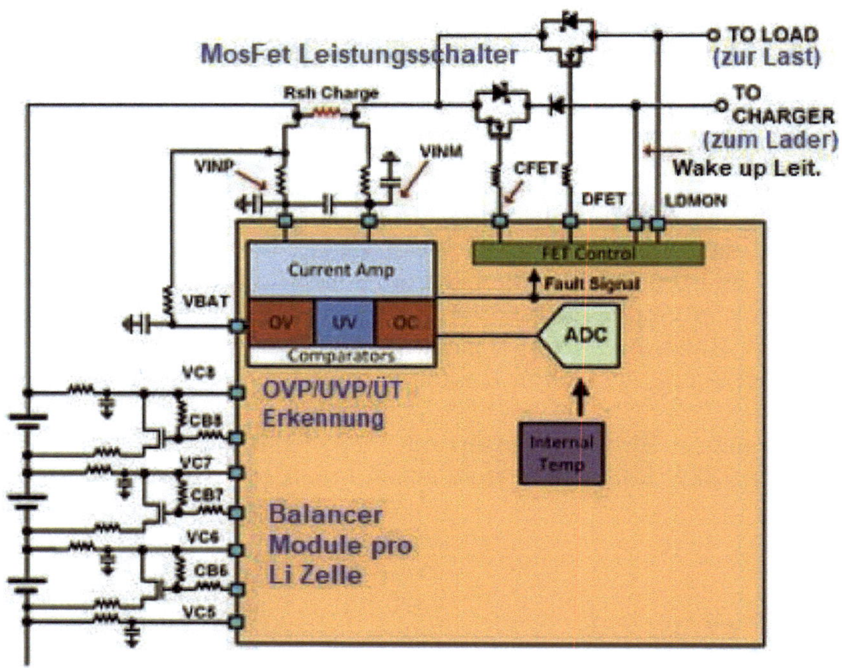

Achtung: „to Load" heißt nicht zur Ladung sondern „zur Last"

Das sind erstmal die grundlegenden Funktionen, die zu einem BMS gehören. Ein elektronisches BMS mit integriertem Batteriecomputer wird auch wie ein BC Shunt angeschlossen, nämlich zwischen dem Minuspol des Zellenblocks und dem Minuspol des BMS, der dann an Chassismasse geht.

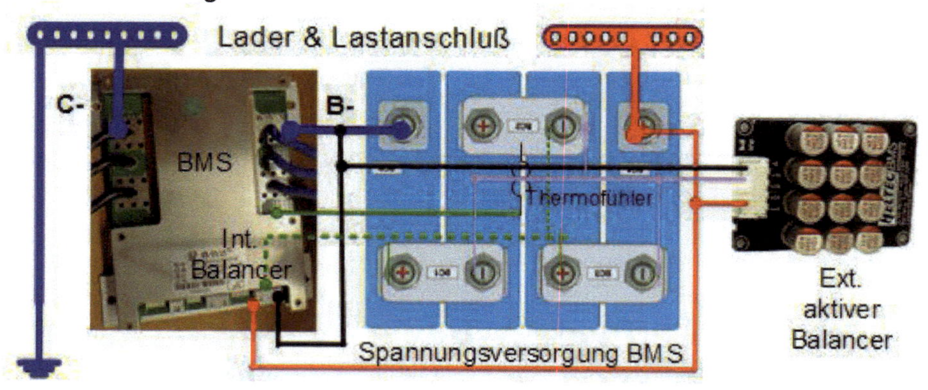

Ganz wichtig dabei ist, dass keine Verbraucher mit ihrem Minusanschluss direkt am Akkublock angeschlossen werden. In diesem Bild ist es OK. Die Betriebsströme vom BMS und ggf. vom externen Balancer werden von der Messung des internen BMS BC nicht erfasst!
Die Plus- / Minusspannung für die BMS Elektronik Versorgung wird beim JBD BMS über die rote Leitung der Balancerleitungen angeschlossen. Wird ein externer aktiver Balancer verwendet, müssen die rot/schwarzen Kabel zur Stromversorgung der BMS Elektronik trotzdem angeschlossen werden.

Elektronische BMS Platinen, made in China, gibt es wie Sand am Meer. Die bekanntesten sind DALY und JBD bzw. Xiaoxiang. Das JBD BMS wird übrigens auch unter dem Namen DYKB bzw. Jiabaida Smart BMS verkauft. Die Prints sind die Gleichen, in der Ausstattung und im Preis können sie differieren. Konstruiert wurden diese BMS Platinen z.B. zur Akku- und Benutzungskontrolle in E-Rollern, E-Bikes und Golfcars.
Wenn man allerdings genauer hinschaut, sind es vier oder fünf Firmen, die solche Systeme produzieren. Die anderen Angebote sind entweder Nachbauten oder umgelabelte Produkte. Aber auch der Benutzer hat noch seine Ansprüche. Damit er unterschiedliche Zellkapazitäten und Lader anschließen kann, möchte er Werte wie Zellladespannung, UVP/OVP/ÜT Alarmschwellen einstellen können. Auch eine Information über den aktuellen Ladestand (SoC) ist wichtig. Das Ganze soll aber nicht mit dem PC, sondern mit dem Smartphone kontrolliert werden können, also braucht das BMS noch als Komfortfunktion eine Bluetooth Anbindung und App zur Darstellung der BMS Daten.

Zusammenspiel Li-Zellen und Smart BMS

Und jetzt ein, in meinen Augen, ganz wichtiger Punkt: Wählen Sie im Zusammenspiel mit den gewünschten Zellen auch ein BMS, das auch mit hohen Anlaufströmen (dynamischer Strombedarf) über einen kurzen Zeitpunkt zurechtkommt. Dafür sollten Sie sich in den technischen Angaben zwei Parameter anschauen, hier am Beispiel BOS Tec BMS.

Max. Entladestrom (**≤10Sek**.) **500A**

In vielen Apps können Sie zwar die Abschaltzeiträume und den Maximalstrom ändern. Da sie aber keine Angaben zu Anzahl und Leistungsdaten der verbauten MosFet Schalttransistoren haben, ist dieses Vorgehen äußerst bedenklich. Unter Umständen setzen Sie die Werte zu hoch an und überlasten die Elektronik. Wählen Sie das BMS nicht nach dem Preis, sondern nach den Leistungsdaten der Zellen und Ihrer Verbraucher! Das BMS ist nur die Schnittstelle zwischen beiden. Sie sparen damit u.U. am Neupreis für den Ersatzkauf Ihres abgefackelten BMS Systems!

Hier einmal ein Beispiel einer Diskussion zu einem JBD smart BMS, die ich weder verstehen noch nachvollziehen kann.
Ausgangssituation:

- Tausch Blei in eine 200 Ah Li-Batterie, Preis ca. 1.500 €
- Schon vorher mit Blei in Betrieb: WR Waeco 540 €
- Problem: Beim Einschalten des WR ohne Last, meldet das Li BMS Kurzschluss und schaltet ab.
- Ursache: der Anlaufstrom des WR übersteigt entweder in Zeitdauer oder Stärke die Schutzparameter des Li BMS.

Eine kleine Kurzanalyse aus meiner Sicht:

- Die neu gekaufte Batterie kann lt. Datenblatt für 10 sec einen max. Strom von 200A. Dafür sind die eingebauten Komponenten gewählt.
- Die kapazitive Einschaltstromspitze und deren Dauer des Wechselrichters sind unbekannt, aber das BMS schaltet hier bereits ab. Der verwendete WR hat keine Soft-Start Funktion. Seine Eingangskondensatoren zur Lastglättung laden sich in Millisekunden mit hohem Strom auf.
- Die Ausgangsleistung WR = 2000 W plus Verlustleistung 15% = 300 W ergibt im Betrieb 2300 W Belastung für die Batterie. 2300W geteilt durch 13V Nennspannung Batterie ergibt einen Strom von 177 A! Der Dauerstrom der verwendeten Li Batterie / BMS Konfiguration ist mit 150A angegeben. Hätte das Smart BMS nicht schon bei der Einschaltspitze des WR abgeschaltet, wäre es spätestens im Betrieb durch den Verbraucherstrom überlastet worden.

Lustigerweise wurde in der Diskussion mit mehreren Teilnehmern über diesen Fehler nicht ein Mal der Tausch des „ungeeigneten WRs“ empfohlen, sondern zu einer Hochsetzung der Schutzparameter der wesentlich teureren Li Batterie geraten.
Und sollte diese Parameteränderung mit der geschützten „Hersteller App“ nicht möglich sein, empfahlen „Hobby Fachleute“ eine ungeschützte App aus dem Web zu laden und die Parameter damit zu ändern,
Ein Zitat: *Es gibt aber eine einfache Möglichkeit, nämlich das BMS richtig?? zu programmieren. Da der Hersteller die Programmierung des BMS gesperrt hat, kann nur mit der ungeschützten App die BMS Einstellung (Hardware-Kurzschlusseinstellungen) berichtigt werden.*

Entschuldigen Sie, was für ein Stuss! Man unterstellt dem Hersteller die Parameter falsch gewählt zu haben, obwohl der ja wirklich nicht wissen konnte, dass der Anwender einen Wechselrichter im Überlastbereich der Batteriespezifikationen betreiben möchte.
Aber man nimmt in Kauf, dass mit diesem Eingriff in die Schutzparameter die Gewährleistung des Herstellers für ein 1500 € Produkt erlischt.
Die Parametereinstellungen eines Smart BMS dienen dem Schutz der empfindlichen Li-Zellen und einer langen Lebensdauer. Änderungen durch „mit der App spielenden“ Anwender sind dem nicht förderlich.

Fazit aus diesem Dilemma: Stimmen Sie Ihre Anforderungen an Zellen, BMS und Verbraucher mit Bedacht ab, und schauen Sie nicht nur auf eine W / U = I Berechnung. Diese beinhaltet keinen erhöhten Anlaufstrom.
Teilen Sie dem Verkäufer deshalb mit der Bestellung auch Ihre Anforderungen mit.

Externe BMS Systeme für Eigenbau Batteriesysteme

Das REC BMS

Das System hat seinen Preis, aber auch sehr viele Möglichkeiten. Hier ein paar der wichtigsten Angaben:

- Li-Po, LiFePO4, LiFeYPO4, LiCoO2, LiMnNiCo und LiMnO4 Lithium-Ionen-Chemie
- 4-15 in Reihe geschalteten Zellen pro Einheit
- einzelne Zelle Spannungsmessung (0,1 - 5,0 V
- einzelne Zelle Innenwiderstand-Messung
- einzelne Zelle unter / Überspannungsschutz
- Übertemperaturschutz (bis zu 8 Temperatursensoren)
- Untertemperatur Ladeschutz
- passive Cell Balancing mit bis zu 1,3 A pro Zelle
- galvanisch getrennte Strommessung (-380 A bis 380 A,
- 2 galvanisch getrennte benutzerdefinierte Ein-/ Ausgänge
- programmierbares integriertes Trennrelais
- programmierbarer integrierter Transistor zur Ansteuerung externer Relais
- Stand-by-Stromaufnahme 2 mA
- galvanisch getrennte RS-485 und CAN-Protokoll
- Not Hauptrelais Freigabetaster
- Fehler-LED + Summer-Indikator
- PC-Benutzeroberfläche zum Ändern der Einstellungen und Daten-Logging
- Hibernate Schalter

Web: nothnagel-marine.de

Das ElectroDacus BMS

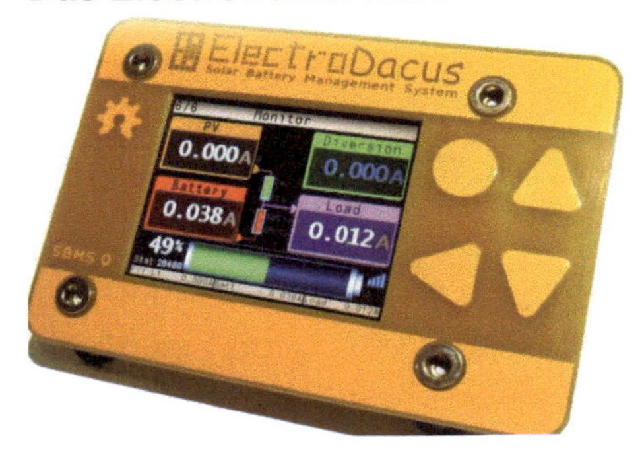

Dieses BMS System ist ein Baukastensystem, bestehend aus Solarlader, Lithium BMS und Batteriecomputer mit externem Shunt. Es hat Steuerausgänge für UVP/OVP.
Mehr dazu hier: http://www.electrodacus.com/

Aber auch die Einzelbalancer von ECS, EV Power oder 123, die auf die Zellenpole geschraubt werden, haben BMS Funktionen wie OVP/UVP/ÜT, die halt über externe Lastrelais umgesetzt werden müssen.

Das smart BMS von DALY

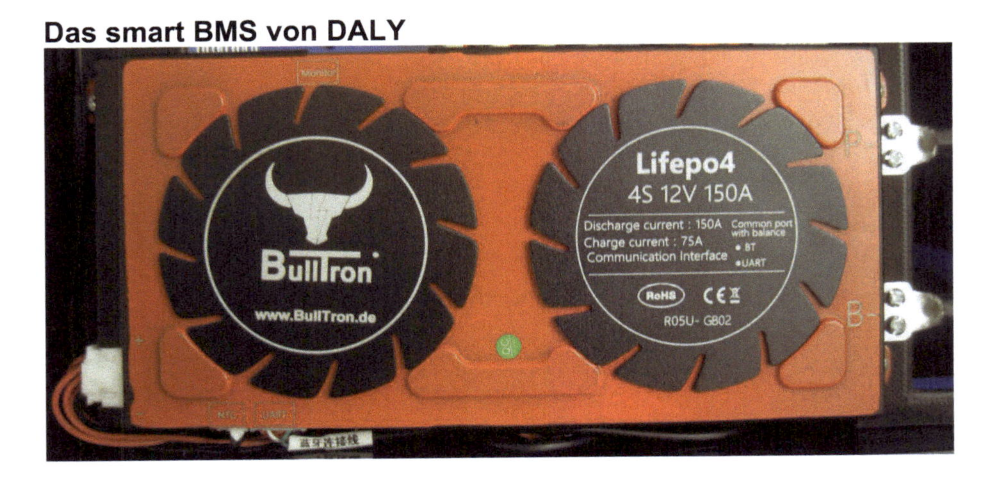

Links sind die Anschlussleitungen für das Zellbalancing und oben ist der RS485 Anschluss für einen Monitor oder USB Anschluss. Die beiden Leitungen rechts gehen zum Zellenblock. Der dreipolige NTC Stecker ist für zwei Temperatursensoren, wobei der mittlere Kontakt der „Common“ Pin ist.

Das von mir abgebildete DALY BMS ist schon älter, inzwischen gibt es auch eine 200A Version. Die Änderungen:

- Bluetooth Dongle mit Ein/Ausschalter
- Gerippte Kühloberfläche statt glatt
- Passwort änderbar (Lieferantenabhängig??)
- Alle Anschlüsse links
- CAN/WLAN in Vorbereitung

Die aktuellen Versionen für 12V/4S sind 100A, 200A, 300A und 500A.

Die Technischen Daten für die 200A Version sind:

- Technologie: Power MOSFET
- Nennspannung: 12,8V
- Nennstrom Entladung: 200A
- Spitzenlast Entladung: 300A
- Elektronische Überstromsicherung: Lastabwurf nach 9ms bei Überschreitung von 500A
- Einsatzzeit Kurzschlusssicherung: Lastabwurf nach 250µs im Kurzschlussfall
- Nennstrom Ladung: 100A
- Maximal zulässiger Ladestrom: 150A
- Balancer Einsatzspannung: >3,5V/Zelle
- Balancer Abschaltspannung: <3,5V/Zelle
- Balancer Strom: 200mA
- Schutzschaltung Unterspannung: 2,2V/Zelle
- Zulässiger Temperaturbereich: -30 bis +80°C
- Die Abmessungen der BMS sind:
- Abmessungen 100A BMS (LxBxH): 170x65x25mm
- Abmessungen 200A BMS (LxBxH): 220x150x32mm
- Abmessungen 300A BMS (LxBxH): 260x150x48mm, 2,7kg
- Abmessungen 500A BMS (LxBxH): 260x150x48mm, 3,2kg

Anschlussmöglichkeiten (DALY ab 2023):

Hier die Möglichkeiten, mit dem DALY BMS zu kommunizieren:

- Über eine UART Schnittstelle per Bluetooth oder GPS,
- eine RS 485 oder CAN Bus Schnittstelle.

Alle BMS sind mit einem passivem Top Level Balancer on Board ausgerüstet, der allerdings bei der 100A Version mit 30mA doch sehr schmalbrüstig ist. Das Balancing bei den Top Level Balancing erfolgt nur beim Laden. Zumindest bei der 100/150A Version ist deshalb ein externer aktiver Balancer eine gute Entscheidung.
Der interne Top Level Balancer arbeitet weiterhin ab >3,5V und mit je nach Modell 30mA oder 200mA Balancerstrom. Ein Balancing mit 30mA ist recht wenig, um eine Lieferung mit nicht vorselektierten Zellen auszugleichen. Allerdings muss man dazu sagen, das Datenblatt lässt Interpretationen auf I_{Bal} 50mA zu. Aber 30mA oder 50mA, bei Zellen mit 280Ah spielen die 20mA zeitlich kaum eine Rolle.
Ein weiterer Unterschied zwischen alt und neuem DALY BMS ist:

- Alt= 4 poliger USB-Anschluss, nennt sich Mon am BMS
- Neu= 6 poliger USB-Anschluss, nennt sich UART mit einem neuen Anschlusskabel
- Beim neuen DALY BMS ist der Schalter im BT Modul integriert, beim Alten DALY BMS kann man den Schalter zum 4 poligen USB Anschluss erwerben.

Zuerst einmal etwas Generelles zu den „Smart BMS“. Sie schalten die Lade- bzw. Entladeleitung elektronisch durch MosFet Schalttransistoren und messen dabei auch die Ströme. Sie werden deshalb wie ein Schalter, Relais oder Shunt in eine der Batterieleitungen geschaltet. Das DALY BMS besitzt für Ladung und Entladung je einen getrennten Port.
Da sie die Stromüberwachung intern verarbeiten, besitzen sie keinen Steuerausgang für externe Lastrelais bei UVP/OVP/ÜT.
Das DALY BMS 150A hat gegenüber dem JBD BMS 150A eine wesentlich größere Kühlkörpermasse und einige MosFet Leistungsschalter mehr in der Stromflusskette. Es ist damit thermisch und strommäßig wesentlich robuster ausgelegt. Bei den 300/500A BMS sehen Sie das am Gewicht der Kühlbleche!

Aber das DALY BMS hat auch seine Besonderheiten:
Wenn die Batterie voll geladen ist, kein Verbraucher Strom entnimmt und auch keine Ladung über Solar oder das Ladegerät erfolgt (Nichtbenutzung), schaltet das BMS nach 3600 sec (60 Min) ab. (Siehe Blockschaltbild Smart BMS, wake up Leitung.)
Sobald wieder ge- oder entladen wird (ca. 0,2A) wird auch die Bluetooth Verbindung wieder aufgebaut. Sollte es trotzdem nicht starten, können sie das BMS wie folgt "Reseten": Ganz rechts neben der „Monitor“ Buchse ist eine weitere zweipolige Buchse. Wenn Sie diese beiden Pins brücken (Wake-Up) wird das BMS eingeschaltet, das BT-Modul bekommt Strom und sendet und die App erkennt das BMS. Bei neuem BMS und aktueller App gibt es einen „Ein Knopf Start“ für den BMS/BT Start ohne Stromfluss.
Die Zeitspanne bis zum Abschalten der Bluetoothverbindung lässt sich verlängern, indem man die "Schlafen-Warte-Zeit" von 3600 Sec z.B. auf 65535 Sec ändert.

Da ich mit einem Android Phone arbeite sind auf den folgenden Seiten die Einstellungen mit der Android App dargestellt.

App zu Informationen und Steuerung des DALY BMS (Android Version V 3.1.30, Stand 14.12.2023)
Achtung: Einige der dargestellten App Funktionen gehen nur im Zusammenhang mit einer aktualisierten BMS SW oder einer neueren DALY Hardware.
Die Android App wird beim Laden automatisch aktualisiert. Wenn die App geladen und eine Bluetooth Verbindung aufgebaut ist, wird die Bt-ID und die SW Version der App angezeigt. Wird die Bt-ID ausgewählt, werden die Daten aus dem BMS ausgelesen.

Ein Instruktion Manual für DALY und eine Software für den PC zum Download erhalten Sie u.U. hier:
www.diysolarforum.com, www.microcharge.de, www.dalyelec.cn oder www.apkpure.com.

Und dazu die Sceenshots zur Bedienung.
Wenn Sie die App starten erhalten Sie folgenden Screen:

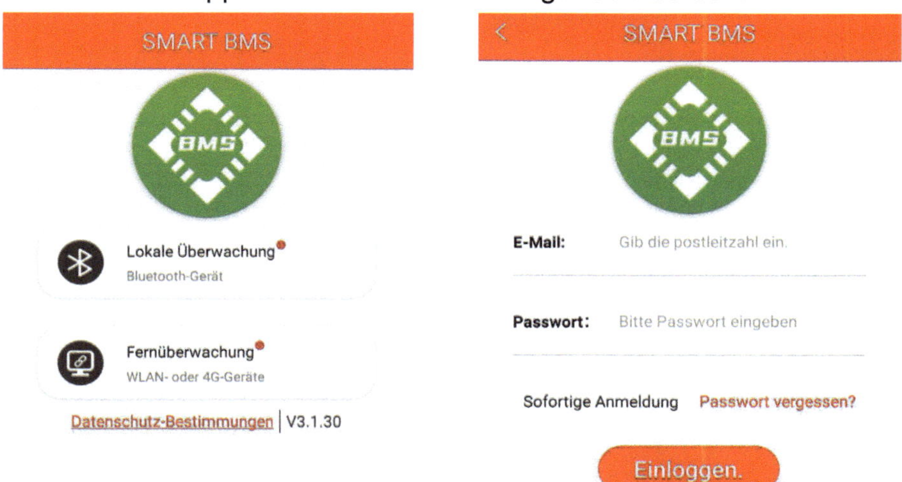

Wenn Sie „lokale Überwachung“ wählen bauen Sie eine BT Verbindung auf.
Wenn Sie „Fernüberwachung“ wählen müssen Sie sich einloggen. Dies ist allerdings nur bei einigen Anwendungen möglich.

Über den Button „lokale Überwachung gelangen Sie zu diesem Screen:

Startbildschirm

SOC, nach BMS Abfrage

Spannung, Strom, Watt

Roter Reiter = eingestellte Konfig.
Einstellung Einzelbatterie
mehrere parallel,
mehrere in Serie

Anzahl gefundene Bluetooth IDs
Batterie ID, ein drehende Kreis zeigt eine aktive Abfrage

gewählte Konfiguration

Hier kann man einen Gerätenamen vergeben

Bluetooth ID, mit – kann die ID gelöscht werden

Batterie IDs, mit * kann eine ID gesucht werden, der Kreis signalisiert fortlaufende Abfrage. Mit Click auf das Minuszeichen kann die ID entfernt werden.

Bei diesem Screen müssen Sie auch nach unten scrollen

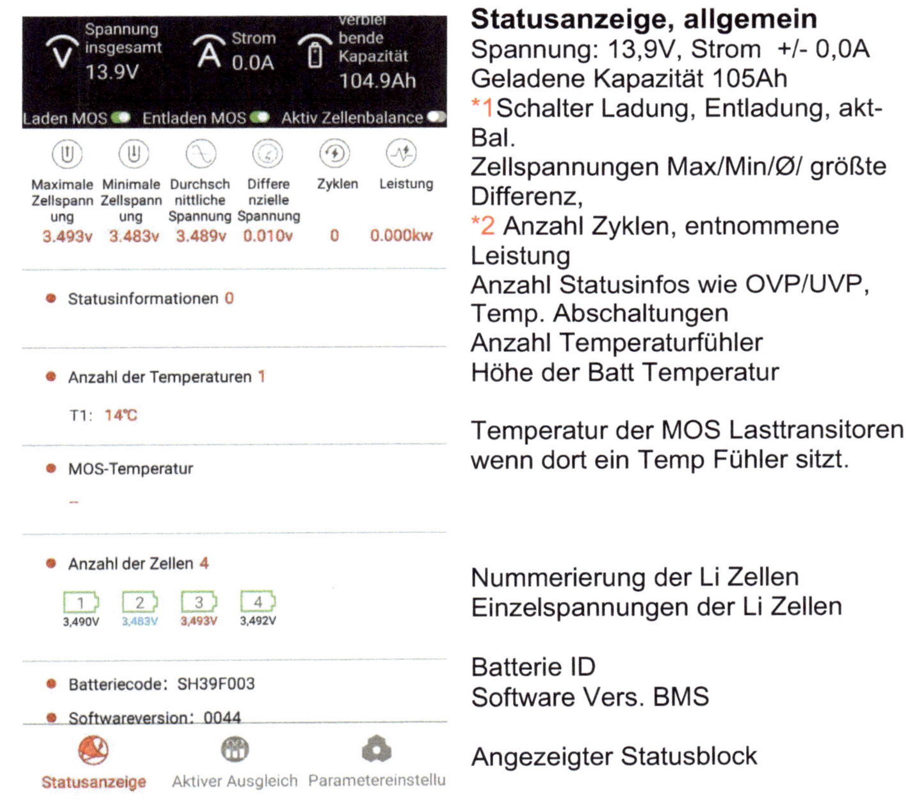

Statusanzeige, allgemein

Spannung: 13,9V, Strom +/- 0,0A
Geladene Kapazität 105Ah
*1Schalter Ladung, Entladung, akt-Bal.
Zellspannungen Max/Min/Ø/ größte Differenz,
*2 Anzahl Zyklen, entnommene Leistung
Anzahl Statusinfos wie OVP/UVP, Temp. Abschaltungen
Anzahl Temperaturfühler
Höhe der Batt Temperatur

Temperatur der MOS Lasttransitoren wenn dort ein Temp Fühler sitzt.

Nummerierung der Li Zellen
Einzelspannungen der Li Zellen

Batterie ID
Software Vers. BMS

Angezeigter Statusblock

*1 Grün = Ein, Grün blinkend = Lade/Entladezweig durch BMS OVP unterbrochen.
Interner Balancer: blinkt bei Balancing aktiv. Ein Balancing durch einen ext. Balancer wird nicht angezeigt, das Feld ist grau.

*2 Ob die Anzahl Zyklen in der Statusanzeige hoch gezählt werden und wie dieser dann berechnet werden würde entzieht sich meiner Kenntnis. Die Anzahl der Zyklen wird wohl erst bei späteren BMS SW Versionen angezeigt.

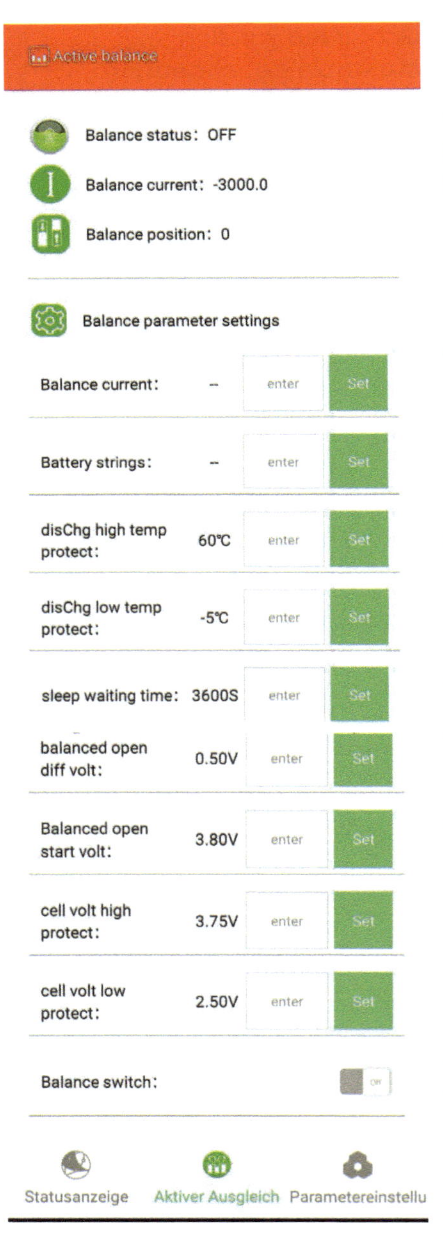

Aktiver Zellausgleich, Balancing

*Status des internen Balancers
Funktionen der neueren DALY BMS
mit integriertem aktiven Balancer.

*Balancing mit int. Akt. Balancer

Batteriestränge der Batterie

Bei Entladen Abschalten über:

Bei Entladen Abschalten unter:

Bluetooth Verbindung abschalten nach:
xx Sekunden = 1h

* **Einschaltspannung int. Balancer**
Spannungsdifferenz zwischen Zellen ab der ein Balancing erfolgt

* **Einschaltspannung int. Balancer**
Spannung ab der ein Balancing erfolgt

Schwelle max. Zellspannung, darüber schaltet BMS mit OVP ab.

Schwelle min. Zellspannung, darunter schaltet BMS mit UVP ab.

*Funktionen der neueren DALY BMS für internen aktiven Balancer

Angezeigter Reiter Block

Parametereinstellungen, Reiter Schutzparameter

*Schwelle max. Zellspannung, darüber schaltet BMS mit OVP ab.

Schwelle min. Zellspannung, darunter schaltet BMS mit UVP ab.

*Schwelle max. Akkuspannung, darüber schaltet BMS mit OVP ab.
Schwelle min. Akkuspannung, darunter schaltet BMS mit UVP ab.

Max. Differenz der Zellen, > das BMS schaltet ab.

Max. Strom beim **Laden**, darüber schaltet BMS ab*
Max. Strom beim **Entladen**, darüber schaltet BMS ab*

*Der Wert „Gesamtspannung Schutzschaltung Max 15V“ muss dem vierfachen des Wertes „Zellspannung Schutzschaltung Max 3,75V“ entsprechen. Das Gleiche gilt für den Min. Wert.

Achtung: Diese Screen Shots sind von einem DALY smart BMS mit externem aktiven Differenzbalancer. Die Werte für den „on Board“ passiven Top Level Balancer sind hochgesetzt.

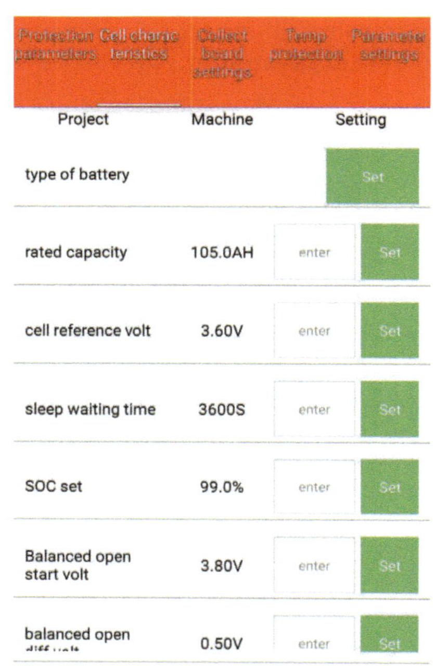

Parametereinstellungen, Reiter Zelleigenschaften

Batterietyp, z.B. LiFePO4

Nennkapazität in Ah

Zellspannung für LiFePO4

Zeit in sec, nach der sich BMS in Stand-by abschaltet (kein Lade-/Entladestrom)

SoC aktuell

*Balancing Parameter für „on Board" Balancer. Diese Konfig. ist mit einem ext. Balancer ausgestattet.

Protection parameters	Cell characteristics	Collect board settings	Temp protection	Parameter settings
collect boards mum	1	enter	Set	
board 1 cell num	4	enter	Set	
board 2 cell num	0	enter	Set	
board 3 cell num	0	enter	Set	
board 1 temp num	1	enter	Set	
board 2 temp num	0	enter	Set	
board 3 temp num	0	enter	Set	

Parametereinstellungen, Reiter Einstellungen BMS:

für Anzahl BMS Boards

Anzahl Zellen für BMS 1

Für Anzahl Temperatur Fühler Board 1

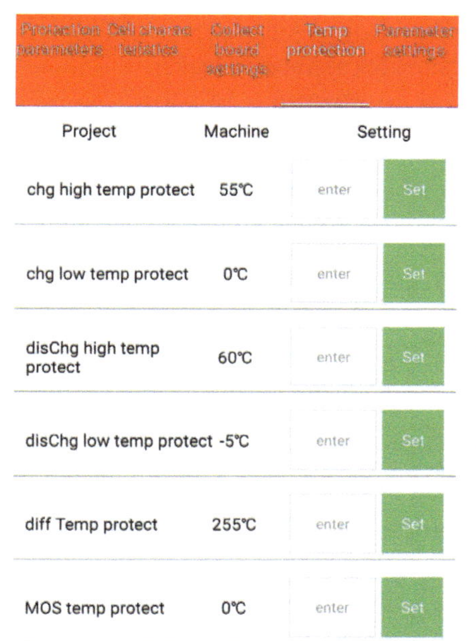

Parametereinstellungen, Reiter Temperaturschutz:

Max. Temperatur beim Laden

min. Temperatur beim Laden (meine geänderte Einstellung)

Max. Temperatur beim Entladen

Min. Temperatur beim Entladen (meine geänderte Einstellung)

Temp. Differenz zwischen mehreren Temp.Fühlern. Bei > schaltet BMS ab

min. Temperatur der MOS Eingangstransistoren beim Laden

Wenn Sie Parameterdaten der Schutzparameter ändern wollen, drücken Sie den „Set“ Knopf. Sie werden dann nach dem Passwort des BMS gefragt. Geben Sie das Passwort ein und drücken „OK“

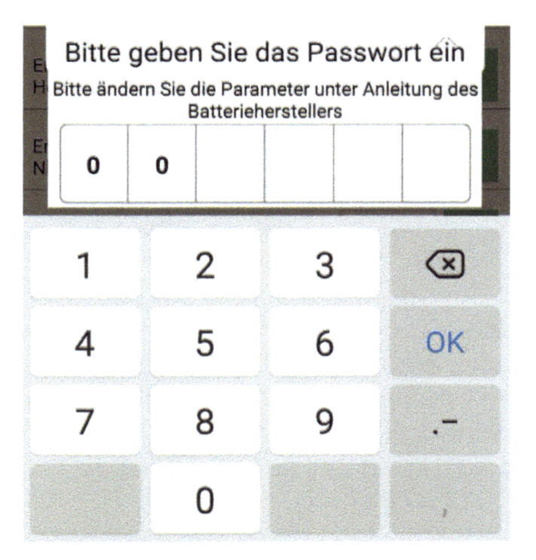

Änderung der Schutzparameter

Eingabe Passwort

Bei diesem Screen müssen Sie auch nach unten scrollen

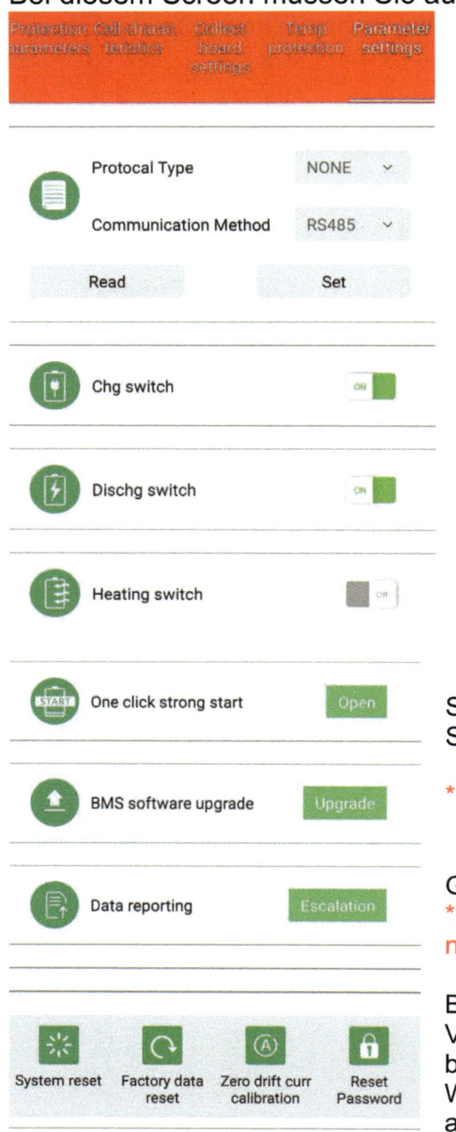

Parametereinstellungen, Reiter Systemeinstellung:

Wahl Kommunikationsprotokoll für z.B. Victron SR

Wahl der COM Schnittstelle

Laden Ein/Aus, der „Lade MOS“ Zweig wird gesperrt

Entladen Ein/Aus, er „Entlade MOS“ Zweig wird gesperrt

Schalter für Batterieheizung (DALY BMS Option)

Schaltet das BMS/BT ein wenn kein Strom fließt

* für Kundenspez. Updates

Gesammelte BMS Daten
*nur bei DALY mit Datensammel Chip, nicht bei BullTron Batterien

Buttons:
Von links: Neustart, Reset: Parameter bleiben erhalten, Kalibrierung Nulldrift: Wird ohne Verbraucher ein Strom angezeigt, kann der auf Null gesetzt werden. Passwortänderung.

Achtung: Die Funktionen „Kalibrierung und Passwort zurücksetzen“ würde ich nur mit einer PC SW und einer Kabelverbindung aufrufen. Fett geschriebene Parameter zur Batterieanpassung könnten mit der App geändert werden, dafür muss man allerdings das Passwort des BMS kennen.
* Balancer und Parameter Balancer: Diese Konfiguration benutzt nicht den internen passiven Balancer, sondern einen externen, aktiven Balancer. Deshalb sind die Parameter außerhalb des Bereiches gesetzt, in dem der aktive Balancer arbeiten soll.

Ab 2024 wird es auch eine BullTron eigene App mit einigen geänderten Funktionen wie z.B. die Zeitdauer bis die Batterie voll bzw. leer geben. Im Gegensatz zu der originalen DALY App oder den Apps für JBD BMS ist die BullTron App um einige Möglichkeiten reduziert. Die einzelnen Parameter werden nicht mehr dargestellt und auch nicht mehr änderbar sein. Dies dient zur Betriebssicherheit des Batteriesystems.
Bei der ganzen Thematik wie Bluetooth PW Sicherheit bei IOS bzw. Android, veröffentlichte Passwörter, Fremdzugriffe, Parameteränderungen durch Benutzer, Herstellerreparaturen aufgrund veränderter Parameter, usw. erscheint mir dies als eine sinnvolle Maßnahme. Wenn dann noch die Möglichkeit einer Fernwartung gegeben wäre, wäre das Paket rund.

Die App stand mir zum Zeitpunkt der Überarbeitung zum Test leider noch nicht zur Verfügung. Das Bild ist von der BullTron Homepage.

Die Smart BMS von JBD Jiabaida, Xiaoxiang oder JK?
Von diesem Smart BMS gibt es viele verschiedene Hersteller und von denen auch wiederum verschiedenen Varianten. **Achtung**: Die Angaben der Datenblätter differieren von Anbieter zu Anbieter, z.B. Balancerstrom 150mA oder 200mA. Ob diese Lizenzherstellungen sind oder nur einfache Kopien sind, ist leider nicht ersichtlich. Auch die JK BMS Platine von Jikong erscheint ähnlich, hat aber ein anderes App Layout! Im Vergleich zu einem JBD BMS ist das JK BMS 100A funktioneller ausgestattet (1 statt 0,03A Bal. Strom, schaltb. BT Modul) Vom JBD BMS gibt es verschiedene Printversionen, die Version 1.3 ist momentan (Wissenstand Jan. 24) für ein 200A BMS die aktuelle.

Die technische Daten für ein 200A BMS (Quelle JBD):

- Zell Spezifikation: 4 LiFePO4 Zellen / Stränge
- Interface Typ: Ladung/Entladung auf gleichem Port
- Zell Ladespannung: 3.6V
- Zellspannung: 2.2~3.75V
- Ladestrom, Dauer 60A~200A
- Entladestrom, Dauer: 60A~200A
- Balancerstrom 60~100A 50mA,Top Lev Balancing
- Balancerstrom >200A 150mA, Top Level Balancing
- Betriebsstrom ≤25mA
- Ruhestrom ≤300uA
- Innenwiderstand ≤10mR
- Betriebstemperatur -30°C~75°C
- Alte Vers.Größe <100A LBH 138x102x20mm
- Größe 60~100A LBH 192x105x13mm
- Größe 120~200A LBH 192x105x20mm
- Optionale Größe L 232mm

Es gibt aber viele Versionen, da muss man aufpassen.

- Die **kurze Version** für 60-150A mit angelötetem Kabel.
  manche mit 2xschwarz/2xblauen Anschlusskabel und eine (angeblich stromstärkere) Version mit 3xschwarz/3xblauen Kabeln. R485, UART, BT
- Die **kurze Version** für bis zu 150A? ohne angelötete Kabel.

- Die **lange Bauform** für 150A mit Kupfer-Kühlschienen
- Die **lange Bauform** für 200A und passives Top Level Balancing 150 mA mit Rippenkühlblech auf den Cu-Kühlschienen.
- **Lange Bauform** für 250-300A, mit R485, UART, CAN, BT Schnittstelle, NTC & PTC Temperaturfühler,

Für die HW/SW der Temperaturanzeige gibt es drei Versionen:

- Nur 1x externer NTC
- Nur 1x externer NTC und Ausgabe einer kalkulierten zweiten Temperatur an die App
- 1 externer NTC und ein Platinen NTC

Hier eine Langversion für 200 A

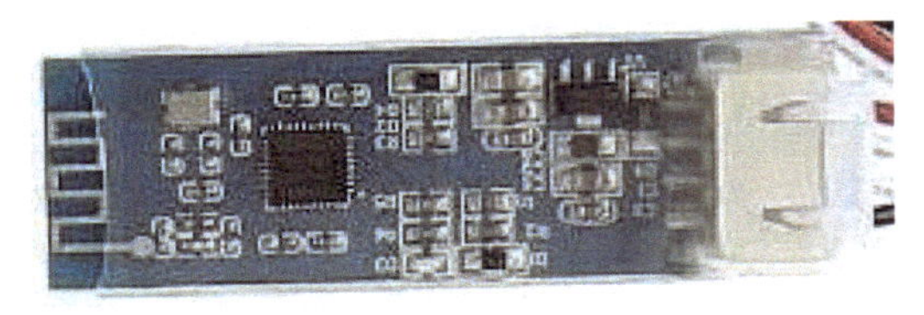

Zur Kontrolle und Parametrisierung per Smartphone gibt es eine UART/Bluetooth Schnittstelle an welche ein Bluetooth Modul angeschlossen werden kann.

Bei manchen Apps kommt am Anfang noch eine Auswahl auf verschiedene Li Technologien und deshalb hat manche App auch Buttons zur Auswahl! Für 2,4 V (LTO), für 3,2 V (LiFePo4 LFP) und für 3,7 V (LiPoly) da die Einstellungen zwischen LFP Zellen und z.B. LiPo Technologie differieren,
Bei allen BMS Systemen sind die zum Betrieb notwendigen Parameter hinterlegt. Man gibt den Zelltyp bei der Bestellung an und muss die Betriebsparameter dann nicht unbedingt ändern.
Allerdings setzt das voraus, dass man auch die richtigen Zellen dazu verwendet, denn Lithium ist nicht gleich Lithium. Deshalb müssen bei einer eigenen Zusammenstellung von Zellen und BMS die Parameter des BMS vor der Inbetriebnahme kontrolliert werden.
Achtung: Lustigerweise sind die dort hinterlegten Werte manchmal von JBD BMS zu JBD BMS unterschiedlich. Vielleicht wurden diese für eine spezielle Anwendung angefertigt oder sind einfach Kopien? China ist gut im Kopieren, warum soll das nur deutsche Produkte betreffen? Das würde auch Preisunterschiede und unterschiedliche Ausstattungsmerkmale erklären.
Bei der Langbord Version mit **2P**4S Zellen kann es sein, dass die Stromentnahme in der App um das Achtfache zu niedrig ist. In diesem Fall darf das Balancer BC0 Kabel (also Batterie minus) nicht angeschlossen werden.

Das Balancing kann per App sowohl in der Lade- als auch in der Stand By Phase (static) vorgesehen werden. Das JBD BMS besitzt für Ladung und Entladung einen gemeinsamen Port (Common Port). Deshalb der Hinweis - Teilsperren (Lade- bzw. Entladesperre) in der App bitte nicht verwenden, da eine Überlastung des aktiven Teilzweiges möglich ist.
Bei weniger Kühlfläche und weniger Schalttransistoren ist die Dauerbelastungsgrenze deshalb als niedriger als angegeben einzuschätzen. Nur die lange Version ist mit einem Ansatz von Kühlblechen ausgestattet, die 200A Version hat auf die CU-Schienen noch ein Alukühlblech erhalten.

Die ganze Vielfalt der sogenannten JBD oder auch JK Smart BMS Platinen inklusive der SW zum Download finden Sie bei:
Lithiumbatterypcb.com oder bei Dgjbd.enalibaba.com

Apps zur Information und Steuerung des JBD BMS
Quellen für JBD Apps gibt es viele und jede Quelle, die man anzapft, hat verschiedene Versionsnummern und vermutlich auch unterschiedlichen Funktionsumfang. Die aktuelle Xiaoxiang IOS-Version ist 1.3.2, Build:7702 und für Android 3.1.1026. Die oft verwendete Carplounge BMS Monitor Version ist 3.1.1015.
Die aktuelle Version vom 16.03.2023 für die Liontron/JBD App ist 1.4
Eine **JBD** Bedienungsanleitung, **Apps** für Android und IOS erhalten Sie hier: overkillsolar.com, lithiumbatterypcb.com, oder bei apkpure.com. Ein Programm mit **JBD Tools für Windows 10** erhalten Sie bei gitlab.com.

Bei „Overkill solar" findet sich auch eine App namens 'OKS-BMS2' in Version 1.0. vom 20.07.2023. Man kann das BMS auslesen, ändern, und wieder zurück schreiben Wie es aussieht löscht die App die JBD Passwortsperre, man kann dann alle Werte verändern ohne eine Passworteingabe, sogar die Zellspannungen kann man Verstellen /Kalibrieren.
Man kann also die Werte anderer Akkus ändern, ausschalten etc. Spätestens jetzt sollte man das BT Modul abschaltbar machen, entweder mit einem Schalter oder man hält die BT Verbindung immer am Laufen. Auch ein „Aluhut" über der Batterie hilft, kein Witz. Das JBD BMS ist mit dieser App doch sehr angreifbar geworden!!

Liontron hat jetzt erst mal die Liontron Multi App soweit geändert, dass der Kunde den Akku selbst wieder einschalten kann, falls der böse Stellplatznachbar ihm den Saft abdreht. Auszug aus dem Vertriebspartner-Mail:
"*Der Produkttest stellt fest, dass unsere Batterien mit Bluetooth Modul über eine Drittanbieterapp an und ausgeschaltet werden können.*
Wir stellen in der aktuellen Version der Liontron App eine Funktion bereit, die ermöglicht, die Batterie zu reaktivieren. Somit haben Anwender die Möglichkeit, ihre Batterie wieder anzuschalten, sollte sie durch Dritte ausgeschaltet worden sein.

In meinen Augen ein schwaches Zeugnis für Design und Entwicklung, aber es ist halt preisgünstig und wer braucht schon Daten- oder Betriebssicherheit.

JBD, JK, angezeigte Werte und Hardware Schutz Parameter

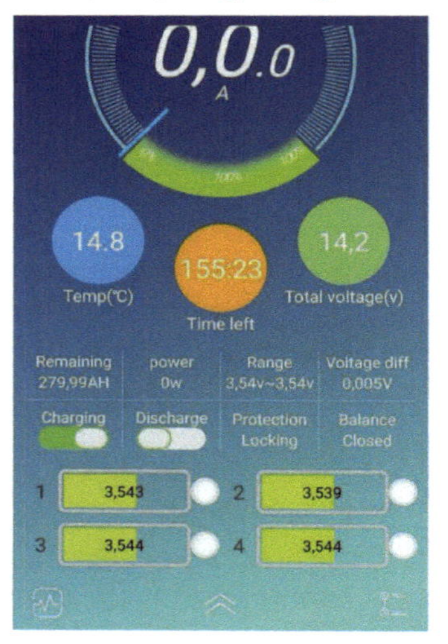

Leider kann ich nicht für jede JBD App durchgehende Screenshot zur Verfügung stellen, mir fehlt schlicht die Hardware. Aber hier ein paar Beispiele für angezeigte Werte, Parameter und deren Bedeutung

Bei der **JBD Android App** sieht das Ganze z.B. etwa so aus, bei der **IOS App** ist das Layout ein wenig anders:
Ist neben den Zellen in dem runden Kreis ein „B“ werden diese Zellen balanciert.
Bei anderen Apps sind die Werte mit z.B. Bau, Grau oder Grün hinterlegt
Aber Achtung: Bei Balancing durch Top Level Balancer sind die Zell Einzelspannungen erst aussagekräftig wenn die Gesamtspannung des Akkus über 14,0V liegt!
Hier wieder eine andere Darstellung

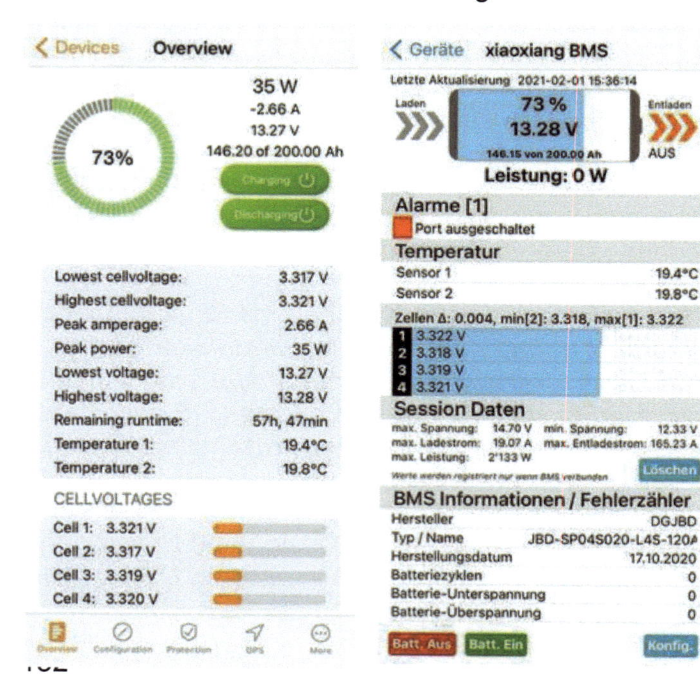

Auch hier sind die wichtigsten Informationen in einer Overview zusammen-gefasst.

Die Dokumentation des JBD BMS von Overkill Solar ist gut, aber in Englisch. Ich habe mir erlaubt, die wichtigsten Parameter hier übersetzt zu erklären. Die Werte sind für 13V Akkus mit den blauen 100Ah Zellen: Für den Liontron Rundzellen Akku (120Ah) gelten die *kursiven* Werte.
Sind die aufgeführten Parameter in Ihrer App ggf. nicht aufgeführt können sie mit dem Windows JBD Tool eingesehen/verändert werden.

Einstellungen Schutzparameter:

- **Cell Overvoltage** = Zell Überspannung (OVP), (3650mV/*3,65V*), über 3,65V wird die Ladung nach 2 sek abgeschaltet und unter 3,5V wieder aufgenommen. Eine Entladung ist weiterhin möglich.
    - Cell Overvoltage Release = Zell Überspannung wird bei 3,55V aufgehoben.
    - Cell Overvolt Release delay = Verzögerung von 2 sec bevor der OVP Alarm aufgehoben wird
- **Cell Undervoltage** = Zell Unterspannung (UVP), (2500mV/*2,75V*) fällt die Zellspannung unter 2,5V wird die Entladung nach 2 sek abgebrochen, bei 3V wieder aufgenommen.
    - Cell Undervoltage Release = Zell Unterspannung wird bei 2,85V aufgehoben.
    - Cell Undervoltage Release delay = Verzögerung von 2 sec bevor der UVP Alarm aufgehoben wird
- **Pack Overvoltage** = Pack Überspannung (OVP), über 14,6V/*14,6V* wird die Ladung nach 2 sek abgeschaltet und unter 14V wieder aufgenommen. Eine Entladung ist weiterhin möglich.
    - Pack Overvoltage Release = Pack Überspannung wird bei 14,5V aufgehoben.
    - Pack Overvoltage Release delay = Verzögerung von 2 sec bevor der OVP Alarm aufgehoben wird
- **Pack Undervoltage** = Pack Unterspannung (UVP), fällt die Batteriespannung unter 10V/*10,8V* wird die Entladung nach 2 sek abgebrochen, bei *12V* wieder aufgenommen.
    - Pack Undervoltage Release = Pack Unterspannung wird bei *11,4V* aufgehoben.
    - Pack Undervoltage Release delay = Verzögerung von *2 sec* bevor der UVP Alarm aufgehoben wir.

- **Pack Charging Over Temperature** = Bei über +65°C/*+65°C* wird die Ladung abgeschaltet.
    - Pack Charging Over Temperature Release = Bei unter *+55°C* wird die Ladung eingeschaltet.
    - Pack Charging Over Temperature delay = Verzögerung von *5 sec* bevor der OT Alarm aufgehoben wird.
- **Pack Charging Under Temperature** = Unter -1°C wird die Ladung abgeschaltet.
    - Pack Charging Under Temperature Release = Bei über *+6°C* wird die Ladung eingeschaltet.
    - Pack Charging Under Temperature delay = Verzögerung von *5 sec* bevor der UT Alarm aufgehoben wird.
- **Pack Discharging Over Temperature** = Bei über 65°C/*65°C* wird die Entladung abgeschaltet.
    - Pack Discharging Over Temperature Release = Bei unter *55°C* wird die Entladung eingeschaltet.
    - Pack Discharging Over Temperature delay = Verzögerung von 5 sec bevor die Entladesperre ausgeschaltet wird.
- **Pack Discharging Under Temperature** = Unter über *-10°C* wird die Entladung abgeschaltet.
    - Pack Discharging Under Temperature Release = Bei über -*8*°C wird die Entladung eingeschaltet.
    - Pack Discharging Under Temperature delay = Verzögerung von *5 sec* bevor die Entladesperre aufgehoben wird.
- **Pack Charge Overcurrent** = Ladung Überstrom, Steigt der Ladestrom über 132A/*160A* wird die Ladung abgebrochen f
    - Charge Current Release = Zeitspanne für Abschaltung, >320 msek/*320 msec*.
    - Charge Current release delay = Zeitverzögerung 10 sek/*5 sec* wird die Ladung fortgesetzt. Eine Entladung ist weiterhin möglich (Dual Port MoS).
- **Pack Discharge Overcurrent** = Steigt die Entladung Überstrom über *160A* wird die Entladung abgebrochen.
    - Discharge Current Release = Zeitspanne für Abschaltung, >32 sek/*32 sec*.
    - Discharge Current release delay = Zeitverzögerung 10 sek/*5 sec* wird die Ladung fortgesetzt.

- **Galvanometer resistance** = Shunt Widerstand, Wert nicht ändern! (Beträgt 0,1 mOhm bei JBD 120A Ausführung und 0,2 mOhm bei 150A Ausführung.
- **Hardware Overcurrent Protection** = Hardwareschutz *190A*
  - Hardware Current protection delay = *640 msec*
- **Hardware short Circuit protection** = Kurzschlussschutz *560A*.
  - Hardware short Circuit protection delay = Verzögerung Kurzschlusserkennung *400 ųsec.*
- **Hardware Overvoltage Protection** = 3,7V
  - Hardware Overvoltage Protection delay = *4 sec*
- **Hardware Undervoltage Protection** =*2,65V*
  - **Hardware Undervoltage Protection delay** = *16 sec*
- **Short Circuit protection Release delay** = *32 sec*
- **Intern Balance turn on voltage** = *3,4V*
  - Balancing precision = Balancing Genauigkeit 0,015V.
- **MoS Control Time** = Single Port MoS Prüfung alle *30 sec*
- **Designed, nominal Capacity** = Physische Batteriekapazität in Ah, (100.000mAh/*161 Ah*), einer fabrikneuen Batterie.
- **Cycle Capacity** = Zyklische Kapazität in Ah, (80.000mAh/*120A*), Kapazität im zyklischen Betrieb. Je nach Zellqualität kann die zyklische Kapazität die physische Batteriekapazität unter- oder überschreiten. Um den Wert korrekt zu ermitteln muss man die volle Batterie mit einem fixen Strom entladen und die Zeit messen bis das BMS wg. UVP abschaltet. Ampere x Stunden gibt dann die tatsächliche Kapazität in Ah.
- **Single Full Voltage** = Vollspannung 100% SoC *3,525V*
  - Voltage Stepps *SoC = 80% 3,321V, 60% 3,288V, 40% 3,2V, 20% 3,02V*
- **Single Cut off Voltage** = Entladespannung % SoC *2,643V*
- **Self Discharge Rate** = Selbstentladung pro Tag? = *0,2%*
- **Cell num** = Anzahl der Zellen bzw. Zellstränge *4*
- **Cycles** = Anzeige durchlaufene Zyklen *20*
- **Cell num** = Anzahl, Wert????
- **Production date** = Produktionsdatum Pack *2021-8-3*
- **Device model** = Bt Modul Kennung *032115154*
- **Manufacturer** = Hersteller z.B. *Liontron*

Switches, Schalter:

- **Balancer enable** = Balancing Freigabe, nur wenn freigegeben startet das JBD BMS das interne Balancing. Bei einem externen aktiven Balancer kann das interne Balancing abgeschaltet werden.
- **Charge Balance** = Bei „Change“ Balancing nur beim Laden, bei „Static“ beim Laden/Entladen wenn die Zelldifferenz > 0,4V beträgt, sollte auf „Static“ stehen.
- **Schalter (switch)** = wenn enabled kann man über den optionalen externen Schalter die Entladung abschalten. Wenn disabled wird der externe Schalter ignoriert.
- **Last (load) Erkennung** = wenn enabled muss man nach einem Kurzschluss die Verbraucher (load) abklemmen um das BMS wieder in Betrieb zu nehmen.
- **Unlook** = Falls ein böser Mensch Ihren Akku abgeschaltet hat.
- Der BMS Name und die PIN Protect Option sollte nicht geändert/genutzt werden.
- Thermofühler (NTC), NTC 1 ist beim 12V BMS der BMS interne Temperaturfühler, NTC 2 ist der externe Temp. Fühler zwischen den Zellblöcken. Bei 24/48V BMS ist es unterschiedlich. **Achtung:** ist ein Temp Sensor selektiert aber nicht eingesteckt/defekt, wird -30°C angezeigt und die Ladung/Entladung unterbrochen

Wenn Sie aber Parameter ändern wollen, den SoC des BCs oder den „Nullstrom-Offset“ kalibrieren wollen, begeben Sie sich in einen normalerweise geschützten Bereich und benötigen dazu eine Zugangsberechtigung bzw. ein Passwort.

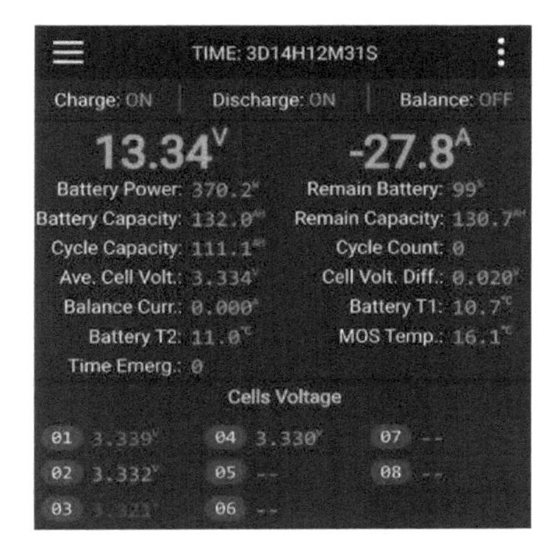

Auf diesem Sceenshot für ein JK smart BMS ein paar dieser Basisinformationen zusammengefasst.
Aber jeder andere App stellt auf dem Basisscreen die Werte in anderer Auflistung dar.

Angezeigte Basic Informationen dieser App:

- **Charging** = Ladezweigschalter an
- **Discharge** = Entladezweig an
- **Balancing** = es findet augenblicklich kein Balancing statt
- **Total Voltage** = jetzige Gesamtspannung des Akkublocks
- **Current** = augenblicklicher Strom
- **Battery Power** = augenblickliche Leistungsentnahme in Watt
- **Remain Battery** = augenblickliche Restkapazität in %
- **Battery Capacity** = Gesamtkapazität in Ah
- **Remain Capacity** = augenblickliche Restkapazität in Ah
- **Cycle Capacity** = Bedeutung unklar
- **Cycle Count** = Anzahl bereits durchlaufender Zyclen
- **Average Cell Voltage** = Durchschnittspannung der Zellen
- **Cell Voltage Differenz** = Diff. höchster / niedrigster Zelle
- **Balance Current** = Balancerstrom
- **Temp1** = Batterie Temperatur an Fühler 1
- **Temp 2** = Batterie Temperatur an Fühler 2
- **MOS Temp** = Temperatur am MOS Lade/Entladeport
- **Time Emerg.** = Anzahl aufgetretener Alarm Situationen
- **01** = Zellspannung Zelle 1, hier 3.339 V, höchstgeladene
- **02** = Zellspannung Zelle 2, hier 3.332 V
- **03** = Zellspannung Zelle 3, hier 3.321 V, niedrigstgeladene
- **04** = Zellspannung Zelle 4, hier 3.330 V

Gehäusebox und mechanische Umsetzung

Egal ob Bausatz oder individuelle Teilezusammenstellung, für das Ganze benötigt man ein Gehäuse. Ein Selbstbaugehäuse aus Aluprofilen, aus Multiplexplatten oder als fertiges Batteriegehäuse mit eingeschweißten Polanschlüssen. Alles ist möglich. Natürlich spielt auch der Einbauort eine Rolle.
Beifahrersitzkonsole, Sitzbankkasten, Heckgarage oder Unterflurstaukasten sind Möglichkeiten. Meist kommt das Batteriepack aber dorthin, wo bereits die dicken Kabel liegen, und das ist zu 90% die Sitzkonsole des Beifahrersitzes.
Dort sind Platzangebot und Zugriff allerdings eingeschränkt und dies sollte man beim Gehäusebau berücksichtigen. In die Ducato Sitzkonsole passen parallel zwei Batterien mit den "DIN Standardmaße" und diese betragen genau 318x175x187mm. Es steht also eine Grundfläche von ca. 318 x 350 mm mit einer Höhe bis zum Drehteller von ca. 190 mm zur Verfügung.
Beim Ford Transit ist es ähnlich, das Höhenmaß ist allerdings um 10 mm größer.

Die LFP Zellen sollte man nach den Empfehlungen der Hersteller stehend einbauen. Das gilt auch für die blauen Becherzellen.

Diese Zellen arbeiten mit flüssigem Elektrolyt und in diesem sollten im Betrieb entstehende Gasbläschen nach oben zum Entlüft. Ventil wandern können damit die gesamte Zelloberfläche benetzt werden kann um die volle Kapazität zu erreichen.

Konstruktiv kann man ein Gehäuse mit **SDP-Multiplexplatten** bauen oder man verwendet Konstruktionsprofile aus dem Elektronikbau. Allerdings muss man dann mit Profilstärken ab 20 mm rechnen. Bezugsadressen wären z.B.:Web: www.shop.haberkorn.com oder de.misumi-ec.com.
Wer es aufwendiger möchte, kann auch eine **Alubox** kaufen, aber bei geschlossenen Metallboxen gibt es eventuell Probleme mit einer Bluetooth Anbindung.

Normale, leere **Batteriegehäuse**, zum Teil schon **mit eingeschraubten Batteriepolen** für den Anschluss, mit Standardabmessungen in denen man Zellen und BMS einbauen kann findet man u.a. hier: Web: de.aliexpress.com.

Hier einmal ein mögliches Beispiel für den Gehäusebau:

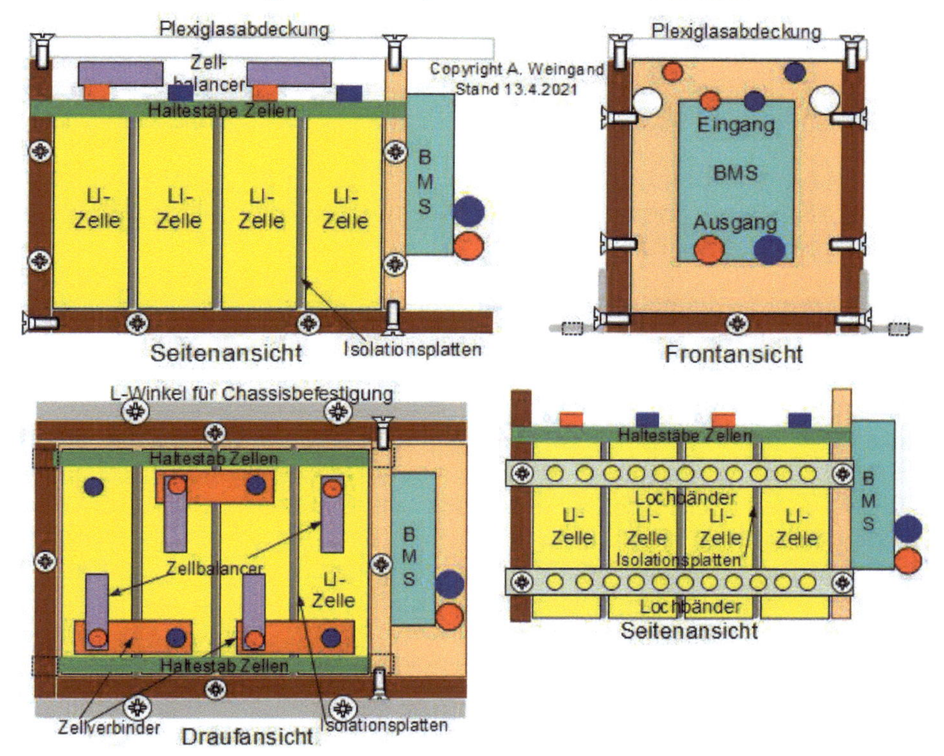

Für ein einfach zu bauendes Gehäuse genügten 12 oder 16 mm starke Multiplexplatten, die der Baumarkt gerne auf das richtige Maß schneidet. Aus Stabilitätsgründen ist es wichtig, den Kasten so zu konstruieren, dass die Seitenwände um die Bodenplatte herum geschraubt werden und nicht auf die Bodenplatte aufgesetzt um von unten verschraubt zu werden.
Für Montage und Transport kann man in der schmalen Querwand links und rechts zwei Nylon Transportschlaufen anbringen.

Jeweils zwei Löcher und eine 30 cm Nylonkordel durchgeschoben mit jeweils einen Stopperknoten innen genügt. Vor Berührung oder Fremdkörpern von oben schützt eine aufgesetzte Plexiglasplatte. Damit sind auch die LEDs der Balancer weiterhin sichtbar.
Nicht vergessen sollte man quer über die Zellen, jeweils über die Oberkanten einen Haltestab für die Zellen zu montieren, um sie bei einem eventuellen Unfall/Überschlag gegen ein Herausrutschen zu sichern. Ein Rundstab, mit Schrumpfschlauch optisch verbessert und durch die beiden Querwände geschoben, ist eine einfach zu realisierende Lösung.

Die gelben Winston Zellen besitzen ein geripptes Plastikgehäuse, diese Zellen sind dadurch stabil genug und lassen sich ohne Tape oder Spannbänder einbauen.
Prismatische Li-Zellen mit Elektrolyt und dünnen Blechbecher beulen sich im Verlauf des Gebrauches gerne leicht aus. Dies ist erstmal kein Zellenfehler! Um dies zu minimieren, sollte man den Zellblock mit Tape oder Spannbändern fixieren und stramm sitzend in sein Gehäuse einbauen.
Nicht vergessen sollte man dabei auch den Umstand, dass bei vielen prismatischen Zellen der Gehäusebecher gleichzeitig der Pluspol ist. Die Becher sind zwar mit dünner Folie ummantelt, aber eine gewisse Bewegung und damit Reibung ist im Fahrbetrieb nicht zu vermeiden. Das bedeutet, dass die Zellen gegenseitig elektrisch isoliert eingebaut werden sollten. Diese Isolierung kann man am Besten mit zwischengeschobenen 1-2 mm starken Pertinaxplatten oder einer dazwischen gelegten „Teichfolie" erreichen. Damit kann man auch gewisse „Fertigungstoleranzen" beim Gehäusebau gut ausgleichen.
Mit einer Nut in einem der Isolierplatten lässt sich hier auch ein flacher Temperaturfühler zwischen den Zellen verbauen.
Wenn Sie über eine „Frostheizung" nachdenken, wäre thermisch der einzig richtige Aufbau die Heizmatten zwischen Zelle 1&2, sowie 3&4, und den Sensor zwischen Zelle 2&3 anzubringen.

Sitzen die Zellen dann in ihrem Gehäuse, müssen sie elektrisch verbunden werden. Für diese Zellverbinder oder Masseschienen sollte man Kupfer nehmen, das hat gute Leitfähigkeiten. Entsprechende Kupferbänder gibt es bei Blitzschutz Anlagenbauern.

Man kann aber auch 15-20mm Kupferrohr nehmen und dieses flach klopfen. Mit Schrumpfschlauch überzogen erhält man einen guten optischen Eindruck, sieht die Hammerschläge nicht und erhält zusätzlich einen passablen Berührungsschutz.
Die notwendigen Zellverbinder kann man aber auch passend für die unterschiedlichen Zellgrößen als Zubehör kaufen. Man kann sich die Verbinder auch, „mit Welle gebogen", aus mehreren Lagen selbst herstellen, um dem Verbinder, zumindest optisch, die Möglichkeit der thermomechanischen Dehnung zu geben. Die Breite der Zellverbinder sollten dabei die Zellpole abdecken.
Eine andere Möglichkeit ist eine Kupferschiene, in die man 8mm Löcher bohrt. Durch diese Löcher steckt man 8mm Schrauben und lässt diese von einem Sanitärbetrieb hartverlöten. Damit hat man einen. hervorragenden Plus/Masseverteiler.
Man kann aber auch ein entsprechend starker Masseband aus Kabelschuh - Massekabel - Kabelschuh herstellen. Das Ganze, isoliert mit Schrumpfschlauch und sauber gequetscht, ist auf jeden Fall dehnbar und einfach herzustellen.
Wichtig ist: Die Auflagefläche von Zellverbinder/Kabelschuh zu Batteriepol und der Anpressdruck ist der entscheidende Punkt für eine gute Verbindung!
Wichtig ist auf jeden Fall bei Alupolen mit Kupferverbindern ein Korrosionsschutz der Kontaktflächen. Dafür eignet sich Noalox oder Polfett.
Achtung: Wenn man die Batterie-Anschlussterminals verlängern möchte, dann bitte Kupfer Unterlegscheiben im gleichen Querschnitt (Wärmeleitung!), wie die Auflagefläche des Terminals verwenden!

Aber ziehen Sie die Schrauben erst nur leicht an, und lassen dem Zellpack Zeit sich im Gehäuse mechanisch auszugleichen.
Schließen Sie zuerst die Balancing Leitungen mit passenden Ringkabelschuhen an den Batteriepolen an, und stecken Sie dann erst den Stecker auf das BMS.
Übrigens: Beim Stecken des JBD Bluetooth Moduls leuchtet die LED kurz blau und geht wieder aus.
Die LED leuchtet erst dauerhaft, sobald eine BT Verbindung durch eine der kompatiblen Apps aufgebaut wurde. Koppeln über Android/IOS selbst ist nicht notwendig.

Beim Anschrauben muss man das Anzugsmoment der Schrauben in den Alupolen beachtet werden. Die Schraube muss sicher sitzen und der Übergang Pol, Schraube, Verbinder darf auch bei 200A Stromentnahme nicht warm werden.
Die Anzugskraft der Schraube orientiert sich an der Gewindegröße und dem Schraubenmaterial. Für V2A-Schrauben (Festigkeitsklasse 6.8) gilt eigentlich:
M4 = 2,3 Nm, M5 = 4,5 Nm, M6 = 7,7 Nm, M8 = 18,7 Nm.
Die Winston und EVE Zellen besitzen aber Alupole. Hier muss man nicht die Festigkeit der Stahlschrauben, sondern die des Gewindes in den Alupolen beachten. Für Winston Zellen gilt eine Anzugskraft von 5 bis max. 10 Nm, für die blauen Becherzellen mit M4 Gewinde gilt lt. EVE eine Anzugskraft von <8 Nm.

Aber die Festigkeit der Stahlschrauben oder Gewindelöcher spielt eine untergeordnete Rolle, die Begrenzung ist hier eigentlich die Platine des Balancers. Besser ist, meiner Meinung nach, statt einer Schraube einen 6/8mm Einschraubbolzen zu nehmen (Madenschrauben). Mit Einschraubbolzen kann man die Kabelösen in Lagen auflegen und jeweils mit Muttern unten und oben mit individuellem Anpressdruck verschrauben.
Ein guter Anschlussaufbau mit mehreren Kabeln wäre:

Pol mit Schraubbolzen, Noalox, Kabelschuh Hauptleitung, Schnorrscheibe und dann eine Mutter mit Drehmoment angezogen. Erst dann werden die Signalleitungen mit einer weiteren Schnorrscheibe und zweiter Mutter befestigt.
Da Li-Batterien sehr hohe Ströme abgeben können ist es ratsam die abgehende Plusleitung zusätzlich mit einer Bolzen/Würfelsicherung abzusichern. Das BMS ist zwar mit einer elektronischen Überstromsicherung ausgestattet, aber bei Strömen über 200A ist eine Schmelzsicherung bestimmt kein Fehler.

Zum Schluss sollte man auch der Befestigung des Batteriesystems auf dem Boden Beachtung schenken. Leider haben nicht alle Batteriegehäuse eine Bodenleiste zur Befestigung. Verwendet man Spanngurten sollte man gute Zurrbügel montieren (Bootsbau).

Und noch ein Tipp:
Wenn Sie ihr Batteriesystem komplett mit Gehäuse selber bauen, führen Sie doch folgende Anschlüsse heraus:

- Den Minuspol, klar
- Den Pluspol vom BMS und zusätzlich noch
- den Pluspol vom Akkupack!
- Auch die Plusversorgung des BT Moduls kann als Schleife herausgeführt werden, Sie können dann ggf. einen Schalter/Funkschalter zum Abschalten der BT Verbindung einschleifen.

So können Sie sich dann beim Ausfall der BMS Elektronik helfen, indem sie das Aufbau Plus auf den Pluspol Akkupack umklemmen. Die Lithiumbatterie kommt im Notfall auch mal für ein paar Tage ohne Balancing und automatische Überwachung aus.
Eine weitere Möglichkeit wäre auch in dem Gehäuse sogenannte „Wartungsöffnungen“ für Zugang zu BT-Modul oder Balancer vorzusehen.

Kabelkonfektionierung
Die Plus- und Minuskabel für Akkupack zu BMS und UVP/OVP Schalter bewegen sich, je nach Länge, bei einer 100 Ah Batterie so um ca. 35 mm^2. Je nach Kabeltyp, feindrahtig oder normal, ist der Biegeradius für die Verlegung ein zu beachtender Faktor. Die Kabelschuhe, egal ob 20 mm^2 oder 50 mm^2, müssen richtig fest verpresst werden. Dazu gibt es Werkzeug!
Was es aber nicht zum Werkzeug gibt, ist Erfahrung. Ich plädiere deshalb für eine Anfertigung durch einen Fachbetrieb, der diese Arbeit öfters durchführt und deshalb die nötige Erfahrung bereits erworben hat. Gehen Sie deshalb zu einem Bosch Dienst oder bestellen Sie die notwendigen Kabel bei www.Fraron.de, einem Lieferanten, der Ihnen auch weitere Teile zu Ihrem Selbstbau liefern kann.

Zum Ausmessen ein Tipp: Legen Sie ein Stück Gartenschlauch um die benötigte Länge zu ermitteln, er ist genau so unflexibel und sperrig wie ein 50 mm^2 Kabel. Und denken Sie auch an den Ein- bzw. eventuellen Ausbau! Zehn Zentimeter Luft in der Kabellänge machen den Kohl auch nicht fett.

Die erste Ladung, Initialladung der Zellen!

Egal ob ein komplettes Batteriesystem, ein Akkupack oder eine Einzelzelle, sie sollten vor dem ersten Einsatz **langsam** voll geladen werden. So steht es auch bei jedem Smartphone oder Akkurasenmäher in der Betriebsanleitung. Die Zellen sind zwar fabrikgeladen, aber das ist keine Vollladung.
Bei dieser ersten Batterieladung sollen die Fertigungstoleranzen und die unterschiedlichen Vorladungen der Einzelzellen ausgeglichen werden. Nummerieren Sie deshalb die Zellen und führen bis zur endgültigen Inbetriebnahme ein Messprotokoll, es hilft ggf. eine defekte Zelle zu erkennen. Bei einem Lithiumbatteriesystem heißt das, dass die Zellbalancer die Gelegenheit und die notwendige Zeit bekommen müssen, die vier Zellen auf einen gleichen Ladungszustand SoC zu balancieren. Wie lange dies dauert hängt stark von der Balancingmethode und dem Balancerstrom ab (Siehe Balancer, Balancing). Wird ein Balancer mit einem Strom von 0,5A verwendet, um damit eine 120Ah Zelle zu balancieren, die zu den anderen Zellen einen Ladeunterschied von 10% hat, sind das 12Ah, die ausgeglichen werden müssen. Rein rechnerisch muss dann diese Zelle 24 Stunden balanciert werden!
In der Werbung werden für eine 100 Ah Batterie Ladeströme zwischen 50 und 80A angegeben. Für eine **Erstladung** mit gutem Zellbalancing sollten Sie nicht über 0,3 C (d.h. 30-40A), gehen. Die Ladespannung sollte bei 14,4V liegen. Am Besten besorgen Sie sich dafür ein externes 230V Konstantspannungsladegerät, ggf. mit einstellbarem Ausgangsstrom. Ein gutes Ladegerät kann der Batterie nicht schaden, auch wenn es längere Zeit angeschlossen bleibt. Laden Sie ihr neues LI-Batteriesystem ruhig mal 3-4 Tage durch! Schalten Sie ein Amperemeter oder Stromzange in die Ladeleitung. Die Batterie ist voll, wenn bei einer Spannung von 14,4V kein nennenswerter Strom (<0,05A) mehr fließt.

Achtung: Verlassen Sie sich bei der Erstladung weder auf eine App noch auf einen Batteriecomputer. Beide sind bei der Erstladung noch nicht kalibriert bzw. synchronisiert! Smart BMS Apps zeigen überhaupt erst ab 1-2A Ladung/Entladung einen Strom an!

Bauen Sie ihr Batteriesystem mit Einzelzellen oder Zellsträngen auf, gibt es für die **Erstladung und das Initialbalancing** zwei Möglichleiten:

1. Laden Sie jede Zellen/Strang direkt und einzeln mit 3,6V bei C 0,3. Das empfiehlt sich wenn es sich um günstige B- oder C-Ware handelt. Diese Art der Ladung ist die Bessere
2. Laden Sie den Block komplett mit 14,4V bei C 0,3. Es geht zwar nicht viel schneller, aber es ist einfacher.

Achten Sie bei Methode 2 darauf, dass die Ladekabel der Zellen mit den Polen verschraubt sind. Eine Verkabelung mit Klemmverbindungen ist nicht geeignet, denn hier können aufgrund von Übergangswiderständen unterschiedliche Ladespannungen an den Zellen anliegen. Ich empfehle Ihnen die Einzelzellenladung, auch wenn diese mehr Zeit kostet!

Zuerst mal eine grundsätzliche Erklärung was bei nicht gut balancierten Zellen zusammen mit einem Top Balancing BMS passiert:
Meist ist eine Zelle schneller geladen als andere. Da die Ladespannung höher ist als die gewünschte Zellspannung schaltet das BMS die Zelle die ihre Ladegrenze erreicht hat mit Zell OVP ab, Beim Top Level Balancing muss jetzt die voll geladene Zelle so lange mit dem Balancerstrom (30-50mA) entladen werden bis sie den Level der weniger geladenen Zellen erreicht hat. Jetzt haben alle Zellen wieder die gleiche Ladung und die Gesamtladung kann fortgesetzt werden.
Die Kunst ist es, gezielt nur so viel Spannung anzulegen, dass ein Zell OVP nicht zu rasch passiert und dann schrittweise die Spannung zu erhöhen bis alle Zellen voll geladen sind.
Achtung: Weder beim DALY noch beim JBD BMS ist der recht klein gehaltene passive BMS Balancer für ein Initialbalancing geeignet! Der Balancerstrom ist dafür zu klein.

Auch hier gilt für das Initialbalancing: Konstantspannung von 3,6V am Lader einstellen und Strommessung in der Ladeleitung. Die Zelle ist erst dann voll, wenn kein nennenswerter Strom (<0,05A) mehr fließt.
Am Ende der Ladung sollten alle Zellen die gleiche Zellspannung haben. Es ist nicht so wichtig, ob die Spannungen aller Zellen bei 3,43V oder bei 3,5V liegen. Wichtig ist, dass alle Zellen in einem möglichst engen Spannungsbereich liegen. Mit der App können Sie das gut kontrollieren.
Achtung: Voll geladene und gut balancierte Zellen sollten nicht mehr als 0,005V bis 0,01 Differenz aufweisen, wenn es mehr ist sollten sie balanciert werden.

Im folgenden Screenshot ist die Zelle 1 bereits voll und hat Zell OVP gemeldet. Zellen 2, 3, und 4 liegen noch darunter. Zelle 1 müsste jetzt mit einem Top Balancing in der Ladung gebremst werden.
Der Screen zeigt 100% SoC bei 13,6V Spannung. Die Ladung ist OK, jetzt muss man dem Akku Zeit geben für das Top Level Balancing. Bei 50mA Balancerstrom wird es allerdings dauern bis die Zelle 1 auf 3,36V entladen ist und die Zelle 2 auf 3,36V angehoben ist.

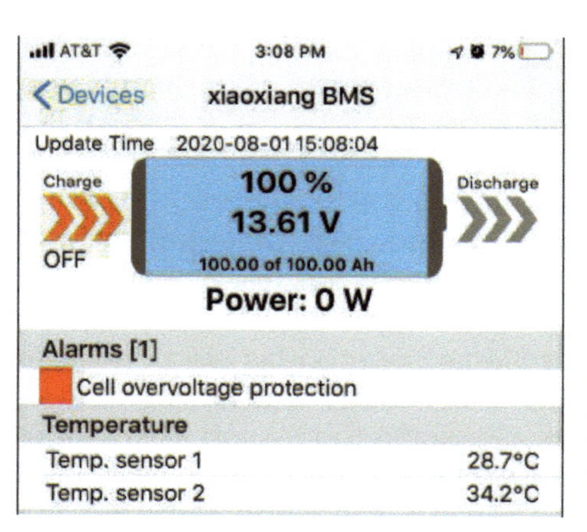

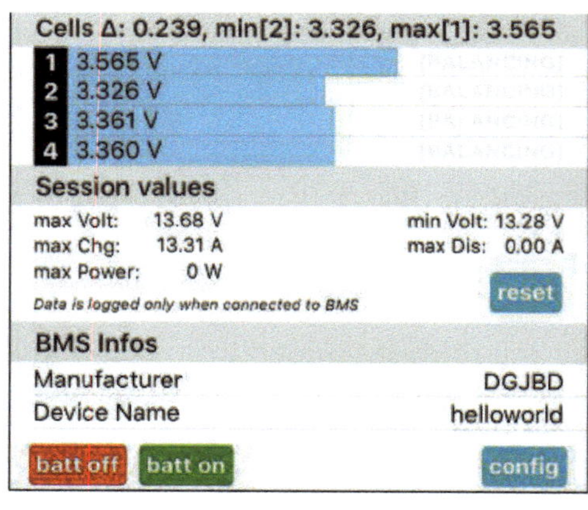

Wer sehr ungeduldig ist kann eine manuelle, aber brutalere Methode des Top Level Balancing anwenden:

Bei Zellspannungen im oberen Bereich kann man die Zelle mit der höchsten Zellspannung auch manuell balancieren. Man entfernt das Ladegerät geht bei 14,0 Volt Blockspannung für jeweils 10 sec mit einer 12V / 200mA Lampe auf die Zelle mit der höchsten Spannung, dann auf die Zelle mit der zweithöchsten Spannung. Aber nur ganz kurz!. Die beiden Zellen müssten danach eine geringere Zellspannung aufweisen. Dann wird wieder auf mit dem LG nachgeladen.
Haben Sie die gewünschte Gesamtspannung wieder erreicht, kontrollieren Sie die Zellspannungen.
Sind die immer noch zu hoch wiederholen Sie die Prozeduren bis Sie bei 20-30 mV Differenz sind. Aufpassen, in diesem Bereich ist der Akku sehr empfindlich und reagiert schnell.

Wenn Sie eine Einzelladung durchgeführt haben müssen Sie Zellen, BMS und ggf. den Balancer noch zu einem Batteriesystem zusammen bauen. Schalten Sie ein und schauen Sie sich mal an was das BMS so auf die App bzw. den Batteriecomputer bringt.
Mit ziemlicher Sicherheit wird es nicht das sein was Sie erwartet haben. Keine Ungeduld, auch wenn das Zellpack lt. BMS eine „SoC von 100%“ hat, laden Sie noch eine Nacht weiter und lassen den Zellausgleich in Ruhe arbeiten!

Funktionstest

Die Lithiumzellen sind geladen und balanciert, die Balancer angeschlossen und das BMS verschaltet.
Zum Kalibrieren des BMS internen oder eines externen Batteriecomputers muss man jetzt einen kompletten Zyklus aus Entladung und Wiederaufladung durchführen.
Für die Entladung montiert man sich aus drei parallel geschalteten Kfz Glühlampen (12V/4,6A/55W) eine Last. Bei drei Lampen und einer Batteriespannung von 13,2V ergibt sich ein Strom von 12,5 A.
Hat man eine voll geladene Batterie mit 100 Ah und möchte diese auf 90% DoD entladen, entspricht dies 90 Ah.

Nimmt man die drei Glühlampen als Last, benötigen diese insgesamt 12,5A an Strom. Um die Batterie um 90 Amperestunden zu entladen müssen diese Lampen also:

90 Ah / 12,5 A = ca. 7,2 Stunden leuchten.

Das kann man mit Smartphone, Stoppuhr und Alarm leicht kontrollieren. Die Tiefentladungsgrenze liegt bei 11,2V. Bei dieser Spannung sollte das BMS den Entladestrom abschalten.
Bei den Smart BMS kann man jetzt per App die Spannung der einzelnen Zellen und den aktuellen Ladestand SoC kontrollieren.
Jetzt wird die Batterie wieder aufgeladen. Das kann mit einem Konstantspannung Netzgerät oder mit jedem handelsüblichen guten Kfz-Batterieladegerät erfolgen.
Auch hier kann man, zumindest beim Konstantspannung Netzgerät, die voraus-sichtliche Vollladezeit berechnen.
Gehen wir davon aus, dass das Netzteil mit 10 A die entnommenen 90 Ah voll aufladen soll. Die rein rechnerische Ladezeit beträgt dann:

90 Ah / 10 A = ca. 9 Stunden.

Bei einem serienmäßigen 230V EBL mit maximal 18 A Ladestrom und einer Li-Einstellung würde die Ladung ca. 5 Stunden dauern.
Allerdings sollte man die Batterie mindesten nochmals für 12 -24 Stunden am Lader zu lassen um Umwandlungs- und Balancing-verluste auszugleichen.

Übrigens: Wenn sie das elektronische BMS System als Batteriecomputer verwenden möchten, muss die Batterie/BMS Konfiguration kalibriert werden. Wie dies zu tun ist steht in der hoffentlich vorhandenen BA!

Achtung: Jetzt ein ganz wichtiger Punkt. Verwenden Sie bei der Ladung aus dem 230V Netz nicht mehrere Netzteile gemeinsam um den Ladestrom zu erhöhen solange Sie nicht sicher sind, dass diese Netzteile einen potentialfreien Ausgang besitzen. Es könnte in den Netzteilen knallen!

Der Einbau des fertigen Akkus ins Fahrzeug

Der Funktionstest ist bestanden, jetzt kommt der Einbau. In der Automobilfertigung wird der Einbau des Motors ins Chassis als Hochzeit bezeichnet. Den Einbau eines neuen Li-Batteriesystems in einen Aufbau sehe ich genauso! Und damit die Hochzeit ohne Probleme und Störungen abläuft, sollte man einige Punkte beachten.

1. Legen Sie den Radiocode bzw. die Karte für die Wegfahrsperre bereit.
2. Legen Sie den CAN Bus und alle Chassiscontroller schlafen. Dazu schalten Sie zuerst alle Verbraucher (Radio) ab. Dann ziehen sie den Zündschlüssel ab, bringen alle Türschlösser in „geschlossen" Stellung, indem Sie bei geöffneten Türen die Schließriegel manuell herunter drücken, sperren dann mit der FB die Türen ab und warten Sie ca. 15 Minuten.
3. Klemmen Sie die Startbatterie am Plus- oder Minuspol ab, und isolieren Sie die Anschlüsse mit Plastiktüten. Lesen Sie dazu vorher die BA Ihres Fahrzeuges.
4. Schalten Sie alle Verbraucher im Aufbau ab.
5. Klemmen Sie die Plusleitung am Ausgang des Solarreglers ab. Vergessen Sie dabei nicht die ggf. installierte Leitung zur Erhaltungsladung der Startbatterie.
6. Ziehen Sie das Landstromkabel an der CEE Dose ab.
7. Klemmen Sie eine ggf. installierte EFOY ab
8. Klemmen Sie die Aufbaubatterie zuerst am Minus- und dann am Pluspol ab, und isolieren Sie die Anschlüsse mit Plastiktüten.
9. Kontrollieren Sie mit dem Voltmeter, ob die abgeklemmte Plusleitung tatsächlich spannungsfrei ist.
10. Bauen Sie die alte Batterie aus.
11. Für den Einbau der neuen Batterie gehen Sie in umgekehrter Reihenfolge vor.
12. Achten auf die Anschlussreihenfolge bei einem 12/24V Solar Automatikregler (siehe BA).

Schließen Sie an die zur Aufbaubatterie führenden Batterieklemmen zwei Kfz Glühlampen (9A) und ein Multimeter an und messen die Einzelspannungen der Ladequellen.

1. Starten Sie den Motor und messen die LiMa Ladespannung.
2. Schließen Sie nur 230V an und messen die EBL Ladespannung.
3. Schließen Sie nur die Solaranlage an und messen deren Ladespannung.

Notieren Sie sich die drei Spannungen, und korrigieren Sie ggf. die Einstellung der Ladespannungen der drei Ladequellen, so dass sie annähernd gleich sind.

Bevor Sie die Batterie anschließen, sollten Sie diese sauber befestigen, jetzt haben Sie noch Platz für die Hände. Unter Umständen müssen sie vor dem Einbau der neuen Batterie noch die bestehenden Anschüsse ändern oder sogar verlängern.
Ganz wichtig ist die Masseverbindung zum Chassis. Sie wird oft ignoriert und ist genauso oft eine Quelle späteren Ärgers. Schrauben Sie die bestehende Masseleitung am Chassis ab, kontrollieren sie die Kontaktfläche, behandeln auch sie mit Schleifpapier und Noalox und schrauben Sie das neue, dickere Minuskabel Ihrer Batterie auf diesen Massepunkt.
Jetzt können Sie die neue Li-Batterie in der Sitzkonsole versenken, befestigen und anschließen. Schließen Sie zuerst den Pluspol, dann den Minuspol an.
Achtung: Ihre neue Batterie ist geladen! Es wird vielleicht funken, wenn Sie den Minuspol anschließen. Ein leichter Funke ist OK, aber ein starker Funke beim zweiten Versuch sollte nicht sein, vielleicht ist doch noch ein Verbraucher eingeschaltet?

Selbstbau Batterien als Beispiele

Und so könnte die komplette Verschaltung der einzelnen Zellen, des Smart JBD BMS mit externen Balancer und Bluetooth Verbindung und Smartphone Anzeige in Ihrem Wohnmobil aussehen.
Hier ein Bild einer der ersten Selbstbau Batterien mit Winston Zellen, Einzelbalancer, SSR Converter und Philippi/Lisunenergy Hochlastschalter zur UVP/OVP Abtrennung. Das BMS besteht hier aus den Einzelbalancern, dem SSR Converter und dem getrennt angesteuerten OVP bzw. UVP Hochlastschalter. Rechts unten sehen Sie das 230V Ladegerät. Links und rechts sind je ein WR eingebaut. Das Ganze ist eingebaut in eine stabile Holzkiste.

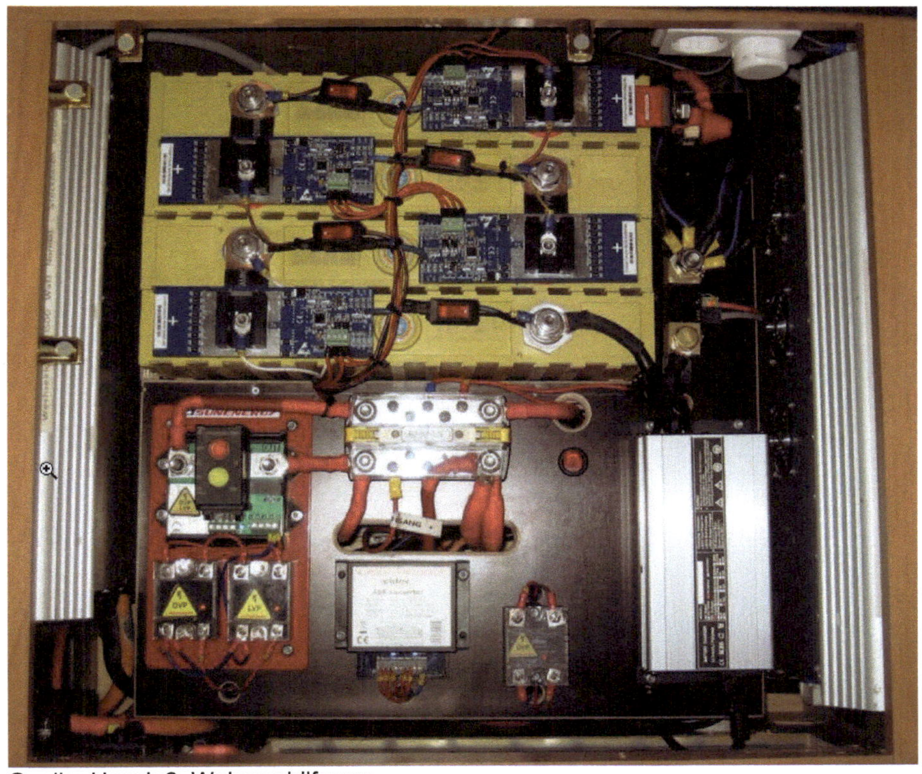

Quelle: Herwig2, Wohnmobilforum

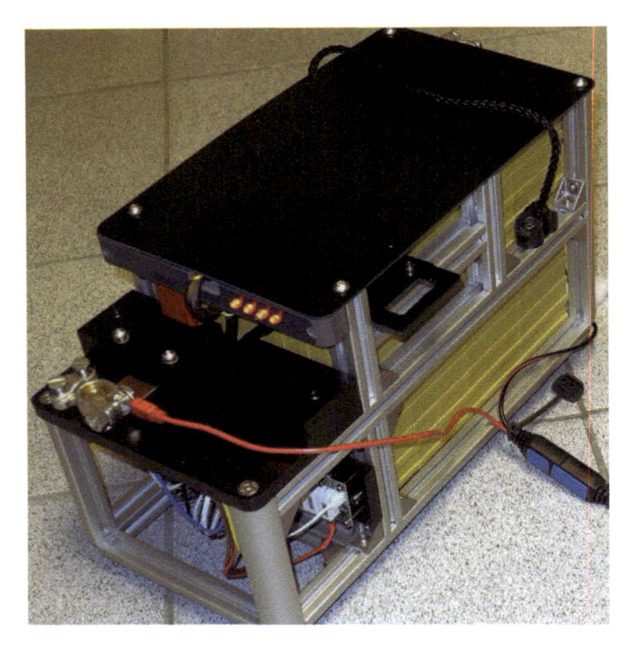

Hier eine kleinere Version, gebaut mit Aluprofilen. Ausgestattet mit den gelben Winston Zellen und Philippi UVP/OVP Schutzschalter.

Quelle: MountainBiker, Wohnmobilforum

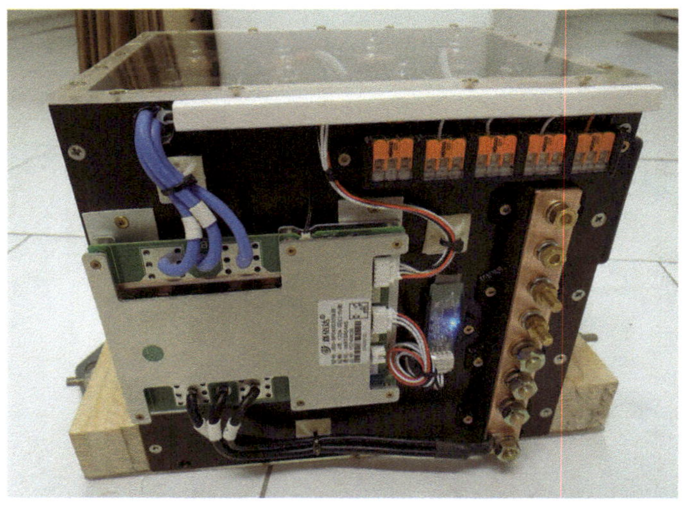

Hier ein Beispiel eines Selbstbausystems mit blauen 200Ah Li-Zellen und einem Smart JBD BMS mit Bluetooth Anbindung. Man beachte Leisten zur Batteriebefestigung.

Quelle: Anonymus, Wohnmobilforum

Hier eine andere Zellanordnung, ein Smart BMS von DALY mit aktiven Heltec Balancer und Streifensicherung im Ausgang.

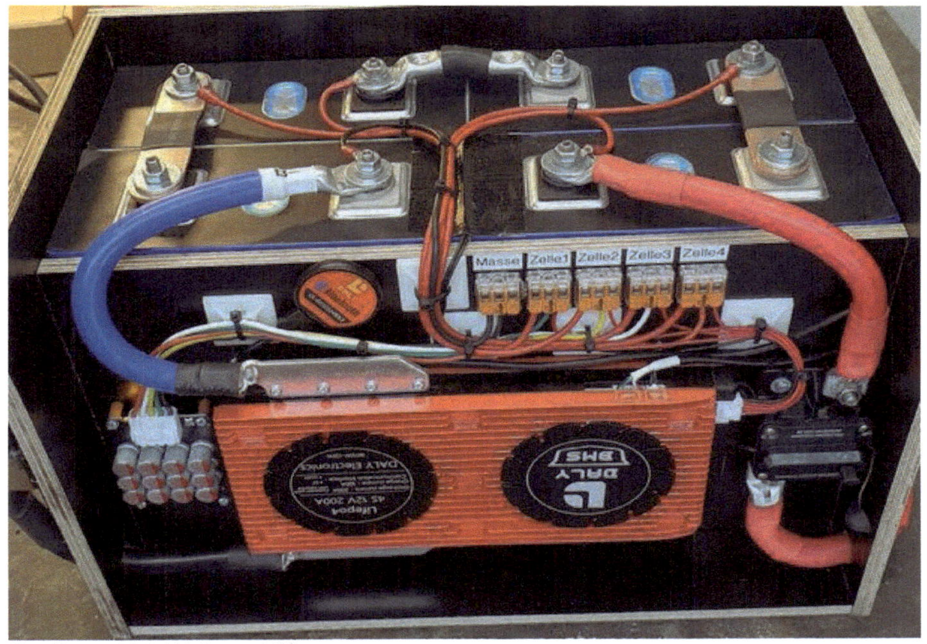

Quelle: nobizi, Wohnmobilforum

Und vergessen Sie bitte nicht:
Vorschrift für einen Einbau im Kfz ist:
Sichere Befestigung bei negativer Beschleunigung in Längsrichtung 20g (20x Batteriegewicht) und Quer 8g.
Auch eine Sicherung der Zellen selbst, und eine Abdeckung nach oben sind sehr sinnvoll.

Mein Umbau auf Lithium/AGM Hybridsystem

Ich habe mich anhand meiner Gegebenheiten und Anforderungen für ein Li/AGM Hybridsystem entschieden. Ich hätte das Li-System, eventuell sogar mit Winston LFYP Zellen, selber bauen können, aber in Hinblick auf meine zwei Enkel als Nichtelektroniker wollte ich ein ausfallsicheres Gesamtbatteriesystem mit zwei „Drop in / Pull out“ Batterien.

- Ersatz für 2x ausgelaugte AGM Exide 90 Ah in der Beifahrersitzkonsole.
- Ford Transit 2,4l Baujahr 2008, Lichtmaschine 150 A, temperaturkompensiert, bis 14,9 V Spannung.
- EBL 269/18A, Solarpanel 100Wp.
- Urlaub im Winter, Betrieb bei Temp. <+5°C. Stromverbrauch zwischen 20 bis 40Ah pro Tag
- Ladespannungen unter Last aber ohne Aufbaubatterie: Solar (AGM) 14,34V, EBL (Pb nass) 14,26V und LiMa/Startbatterie 14,31V.
- Abmessungen Sitzkonsole Bodenfläche innen: LxBxH = 385 x 360 x 210 mm

Beide alten AGM Batterien wurden sowohl von der Werkstatt (Batterietester) als auch von mir getestet (Glühlampen/Zeit). Sie sind beide nach 13 Jahren unter 60% Kapazität und flogen raus! Zu einer neuen 105Ah Lithium von BullTron wurde eine neue 95Ah AGM von Moll parallel geschaltet.
Die Grundlage meiner Kapazitätsaufteilung beruht auf folgenden Überlegungen:
Ich fuhr bisher gut mit 2x 90 Ah, netto ca. 110 Ah bei einer DoD von 60%. Ich rüste nun um auf 1x 105 Ah Lithium (netto 95 Ah bei 90% DoD) und 1x 95Ah AGM (netto 60Ah) und habe damit ca. 155 Ah Kapazität zur Verfügung, ohne die Bleibatterien durch Hochstromentnahme oder zu tiefe Entladung zu quälen.
Da sich der Verbrauch augenblicklich nicht erhöhen wird, genügt die originale 50A Sicherung zum EBL. Eine zusätzliche Sicherung zwischen Li- und AGM Batterie ist nicht vorgesehen.

Hier ein Diagramm der Spannung Lichtmaschine ohne Ladebooster bei einer Urlaubsfahrt.

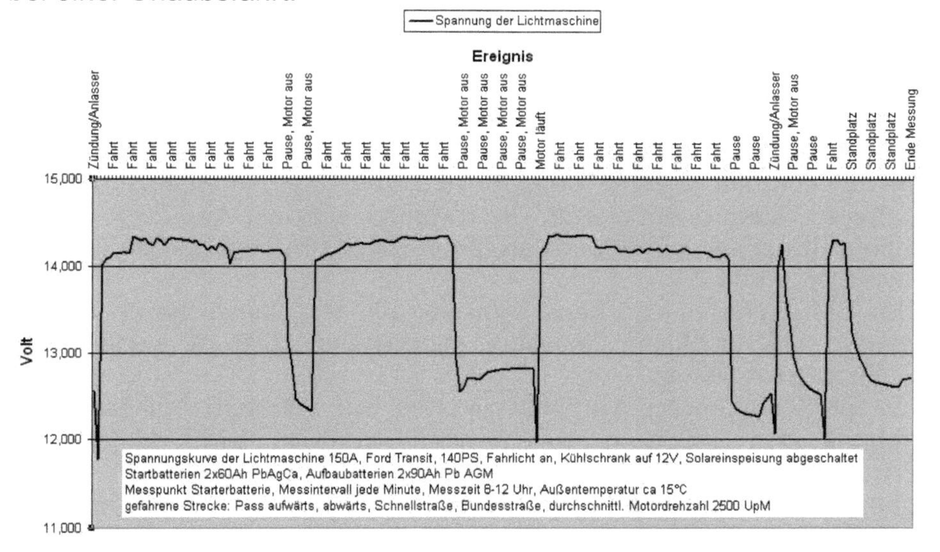

Hier wird kein Ladebooster zur Ladung der 200Ah Batteriekapazität benötigt. Da bereits vorher 180Ah AGM eingebaut waren, ist eine Vergrößerung des Kabelquerschnitts oder ein Sicherungstausch nicht notwendig. Die Bodenbefestigung der neuen BullTron erfolgt ohne Änderung an deren Bodenleiste und mit der bisherigen Winkelbefestigung.

Bei der Batteriewahl habe ich mich für eine 105 Ah Li-Batterie von BullTron entschieden, ausgerüstet mit einem 150A DALY BMS mit externem aktiven Balancer. Ausschlaggebend für BullTron waren das gut dimensionierte DALY BMS und der gute telefonische Service. Eine 160 Ah würde zusammen mit einer AGM Batterie nicht in die Sitzkonsole passen, da leider ca. 2cm an Höhe zum Drehteller des Sitzes fehlen oder bei einem liegenden Einbau eine Menge Kabel zum EBL und Solar hätten verlängert werden müssen.
Die 105Ah BullTron kam in einem kleinen Paket, gut verpackt mit DHL. Auf der Batterie sind Aufkleber mit allen technischen Daten zu Strömen und Temperatur und ein QR Code Aufkleber für den App

Download für IOS und Android. Der Deckel ist verschraubt und mit einem Garantiesiegel versehen.
Ich habe dann die Android App mit dem QR Code der BullTron Seite heruntergeladen (damals DALY V1.96, Stand 7/2021) und bekam sofort die Batterie mit ihrer Bluetooth Kennung angezeigt. Wenn man diese auswählt startet die Abfrage des BMS. Ein Update auf Vers. 2.1.7 erfolgte 6/2022 und auf 2.2.26 11/2022.
Die BT Verbindung zur Batterie wird über ca. 7m Sichtverbindung gehalten, dann bricht sie ab. Die Stromanzeige der App zeigt erst ab einem Strom von ca. 180mA an, unter ca. 150mA springt die Anzeige zwischen 0 und 2A.
Das BMS schaltet sich nach 3600 sec (60 Min) Inaktivität ab. Um es wieder einzuschalten, müssen mindestens 0,15 A Lade- oder Entladestrom fließen.
Die BMS Parameter sind die gleichen wie auf dem Aufkleber und anhand der Zellen nachvollziehbar. Den im BMS hinterlegten Parameter *„min. Temperatur beim Laden = -10°C“* habe ich auf 0°C geändert. Er war im Datenblatt noch mit -10°C und im Datenaufkleber mit 0°C angegeben. Den im BMS hinterlegten Parameter *„min. Temperatur beim Entladen = -10°C“* habe ich auf -5°C geändert. Wenn nicht geladen werden soll, möchte ich auch die Entladung einschränken, ich habe ja noch die AGM zur Versorgung und als Puffer!
Die Parameter *„ausgeglichene Öffnungsspannung Balance 3,8V“* und *„ausgeglichene Differenzspannung Balance 0,5V“* des internen, passiven Balancers sind mit Absicht so hoch gesetzt, da ein externer, aktiver Balancer verbaut ist. Weitere Parameter für Balancing sind:
BMS max. Differenz der Zellen 0,26V und
Balancer Differenzspann f. Bal. 0,1V.

Die Batterie war lt. App auf 99% SoC geladen, die Akkuspannung betrug 13,1V.
Die einzelnen Zellspannungen betrugen:

Zelle 1	Zelle 2	Zelle 3	Zelle 4
3,294V	3,259V	3,296V	3,296V

Danach kam die Belastungsprobe mit drei Glühlampen (165W), der Entladestrom war lt. App 13,2A, lt. Gossen Stromzange 12,9A.

Vor dem Einbau habe ich die Lade- und Entladeströme der Hybridlösung zuerst einmal einer Analyse unterzogen. Dazu habe ich sowohl die neue AGM als auch die neue Li-Batterie einzeln solange geladen, bis kein Ladestrom mehr geflossen ist.
Dann wurden beide Batterien parallel geschaltet, es floss für 10 Sekunden ein Ausgleichstrom aus der Li von 3,5A in die Pb.
Die AGM Plusleitung habe ich mit einer Gossen-Stromzange und die Lithium Werte wie SoC und Einzelzellenspannung via App und Gesamtstrom und Spannung mit einem Digitalvoltmeter gemessen. Aus fototechnischen Gründen sind die Lampen im Bild ausgeschaltet.

Die Entladeströme der beiden einzelnen Batterien, zusammen mit dem SoC der Lithiumbatterie, sind im folgenden Diagramm dargestellt. Der Laststrom betrug ca. 13A.
Strom und Spannung des Li-Akkus sind stabil bis zu einem SoC von ca. 17%. Ab da sinkt die Hybridspannung auf ca. 12,5V, der Strom aus der Li-Batterie sinkt (blaue Linie) und die Bleibatterie liefert zunehmend Strom (grüne Linie).

Theorie meets Praxis!
Wenn ich den Laststrom mit der Zeit multipliziere, habe ich der 105 Ah Lithiumbatterie um die 108 Ah entnommen.

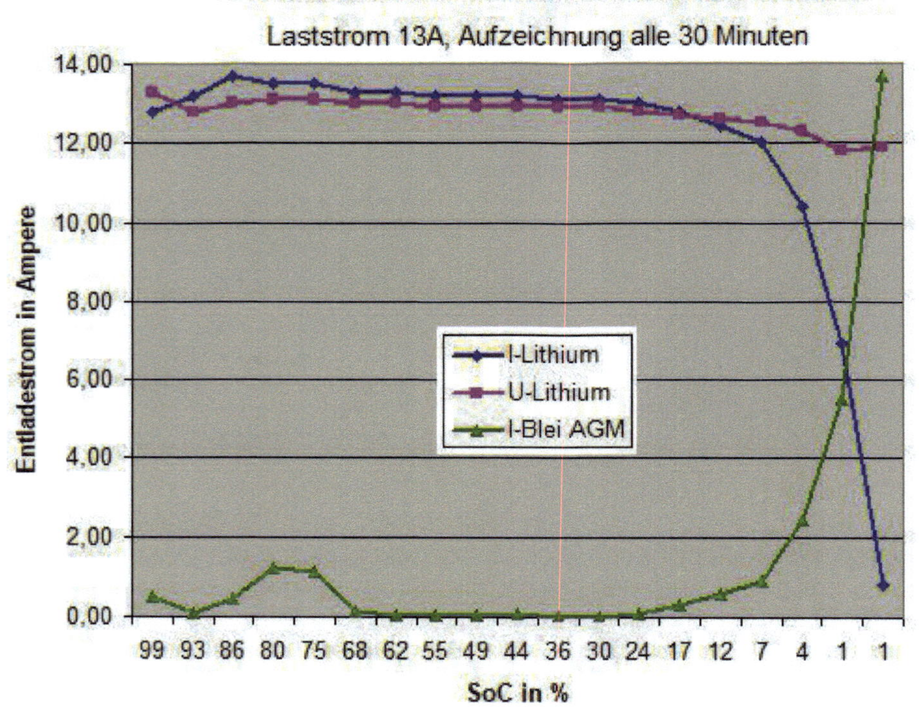

Beim nächsten Diagram sieht man die Spannungen der einzelnen Zellen in Abhängigkeit zum SoC. Gut zu sehen ist, dass Zelle 2 noch nicht sauber balanciert ist, dies aber im Verlauf der nächsten Ladungen/Entladungen geschieht.
Ab einem SoC von ca. 17% sinken die Zellspannungen, ab einem SoC von 7% brechen die Zellspannungen innerhalb von 30 Minuten auf unter 3V ein.

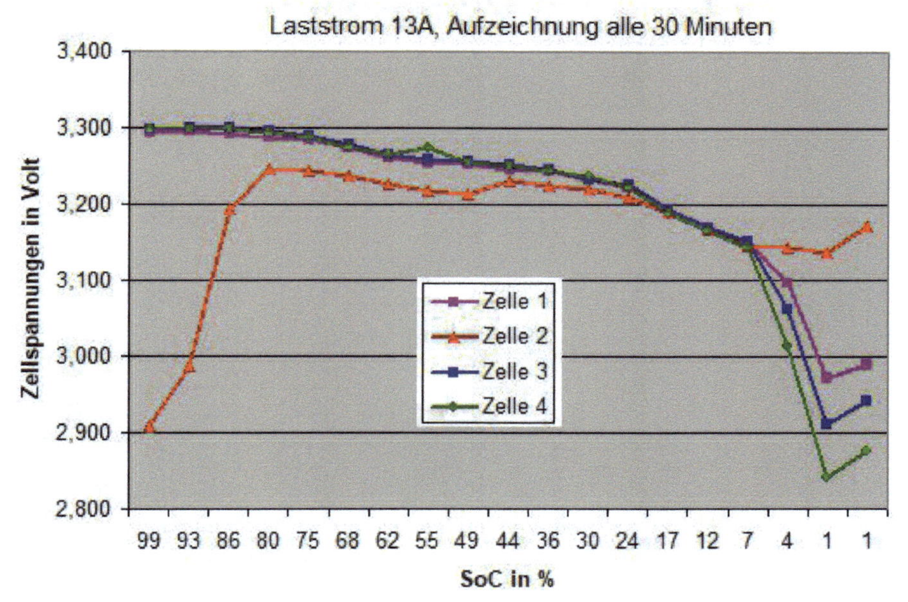

Der externe Heltec Balancer arbeitet dauernd, also während Ladung, Entladung und in Stand-by. Die Arbeit des Balancers hier im Laufe mehrerer Ladezyklen:

	SoC	Zelle 1	Zelle 2	Zelle 3	Zelle 4	U Li
Auslieferung	99	3,294	3,259	3,296	3,296	13,1
Entladung 15A/Lad 8A	97	3,301	3,266	3,301	3,301	
1. Ladung/Entlad		3,296	2,590	3,296	3,296	
2. Ladung/Entlad		3,259	2,850	3,265	3,260	
3. Ladung	100	3,364	3,490	3,364	3,362	
nach 6h Ruhe	100	3,323	3,265	3,329	3,229	13,3
nach 24h Ruhe	99	3,315	3,316	3,316	3,316	13,2

Nach 24h Ruhe sind die Zellen sauber bis auf 1mV ausgeglichen!
Im folgenden Diagramm sind die Ladeströme der beiden leeren Batterien, zusammen mit dem SoC der Lithiumbatterie aufgezeichnet. Was in diesem Diagram gut zu sehen ist, dass zuerst die Bleibatterie (grüne Linie) geladen wird. Hat die Lithiumbatterie (blaue Linie) 13,2V oder ca. 17% SoC erreicht, geht der Ladestrom immer stärker in die Lithiumbatterie und immer weniger fließt in die Bleibatterie.

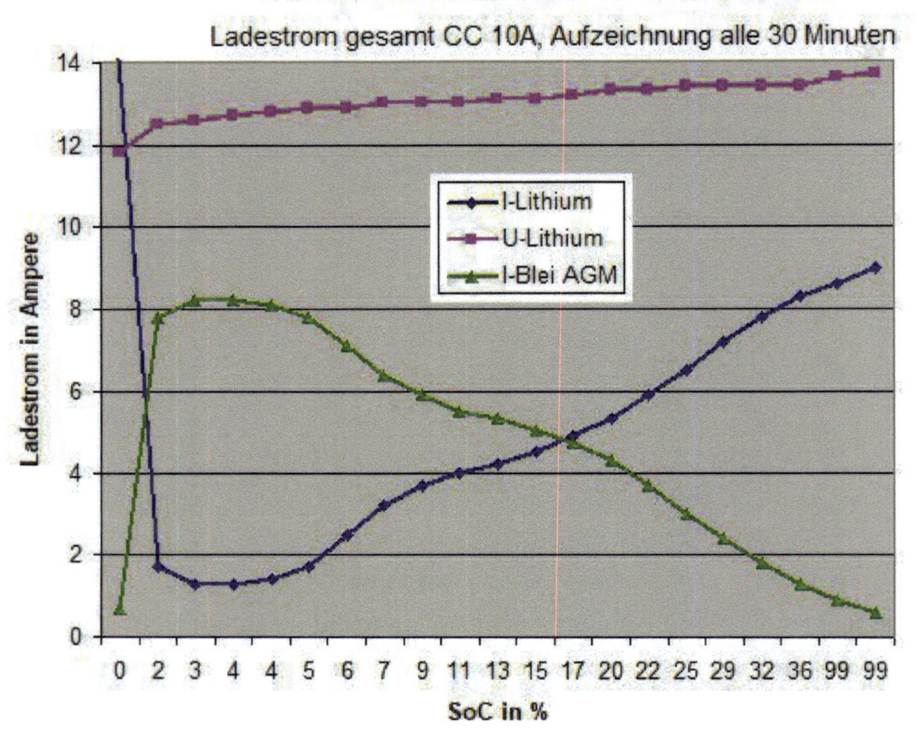

Die Voltanzeige am Zeigerinstrument meines CP IT 269 für die voll geladenen Li/Pb Hybrid Konfiguration liegt bei 13,2 Volt.
Bis hierher waren es Hobbykellermessungen!

Erfahrungen im ganzjährigen Praxistest

Ab hier sind es Praxisbedingungen. Die Einstellungen der AGM Batterien EBL (Blei/Gel) und Solarlader (AGM2) sind geblieben. Das gilt aber nur für meine Konfiguration, (siehe gemessene Ladespannungen). Für Nutzer, die Ihre Ladespannungen nicht einzeln messen können oder wollen empfehle ich Blei/nass oder AGM1 (14,4V).

Eine Woche ohne Landstrom, nur Solar, Status der 105Ah Lithiumbatterie in dieser Hybridkonfiguration:

Nach Anreise zum Standplatz	99%
1. Tag ohne Landstrom	91%
2. Tag ohne Landstrom	84%
3. Tag ohne Landstrom	82%
4. Tag ohne Landstrom	73%
5. Tag ohne Landstrom	65%
6. Tag ohne Landstrom	59%
7. Tag ohne Landstrom	49%
Nach 1 Stunde Rückfahrt	100%

Beide Batterien haben jeweils zwar ca. 100 Ah Kapazität, aber ihre Quellspannungen sind mit 13,2V bzw. 12,8V unterschiedlich. Man kann wohl davon ausgehen, dass am 7 Tag Freistehen die Li Batterie noch 40Ah SoC, bei ca. 13V, und die Bleibatterie noch so um die 80Ah SoC haben. Bei ca. 13V der Lithiumbatterie ist die AGM Batterie immer noch voll geladen.

Grob über den Daumen gepeilt lagt meine Stromentnahme für Wasserpumpe, Kühlschrank-Steuerelektronik, Licht und den Betrieb von 2x Smartphone und 1x Tablett bei ca. 10 Ah. Dies zeigt in meinen Augen, dass man nicht unbedingt große und damit teure Li Batterien benötigt, sondern auch seine AGM- oder Gel Lösung mit einer Lithiumbatterie ohne Probleme ergänzen kann. Und wenn man mit seine individuelle Stromentnahme einmal über eine Woche in der Praxis getestet hat, kommt man auch ohne teuren extra Batteriecomputer aus!

Nach drei Monaten Standzeit mit Solaranlage ergibt sich folgendes Bild:

Bordsystem (beider Batterien)	13,9V
BullTron lt. App	13,9V
BullTron SoC lt. App	99%
BullTron Ladestrom lt. App	0 A

Zellspannungen einzeln lt. App
Zelle 1 Zelle 2 Zelle 3 Zelle 4
3,487V3,461V3,482V 3,480V

Die Solaranlage hält beide Batterien auf einer leicht erhöhten Erhaltungsladung von 13,9V. Allerdings werden Ströme unter 0,180A nicht in der App angezeigt. Beide Batterien sind bei dieser Spannung voll, die Lithiumblöcke sind innerhalb der vorgegebenen Parameter balanciert, was möchte man mehr?

Nach sechs Monaten Standzeit mit Solaranlage, aber bei Minusgraden, ergibt sich folgendes Bild:

Bordsystem (beider Batterien)		13,7V
BullTron lt. App		12,7V
BullTron SoC lt. App		96%
BullTron Ladestrom lt. App		0 A
Temperatur lt. App	-	-3°C

Status: Ladetemperatur zu gering
Zellspannungen einzeln lt. App
Zelle 1 Zelle 2 Zelle 3 Zelle 4
3,192V3,193V3,196V3,196V

Die Differenz von 99% auf 96% SoC ergibt sich meiner Meinung nach durch Selbstentladung und BMS Eigenverbrauch ohne Erhaltungsladung aus der Solaranlage. Stromversorgung bei Temperaturen unter 0°C wird von der Bleibatterie sichergestellt.
Mein Hybridverbund Li/AGM arbeitet nun seit zwei Jahren vor sich hin. Keine OVP Meldungen, nur Temperaturabschaltungen, aber der „Bleiklotz" verrichtet dann klaglos weiter seinen Dienst. So soll es sein!

Reparatur Balancing einer „Plug in“ Batterie

Einige „Plug in & ready“ Batterien zeigen nach einiger Zeit doch Schwächen im Balancing. Sehr auffällig dabei sind die Löwen mit ihren 120 Rundzellen und dem JBD Smart Balancer. Sie husten vermehrt bis zu 100 Zell OVP`s auf die App und schalten sogar ab. Nennkapazität ist nicht mehr gegeben. Wie bei jedem Kranken muss man mal diagnostizieren warum und sich dann für die Behandlung die nötige Zeit nehmen. Aber auch Büttner und WCS sind mit Rundzellen bestückt, allerdings arbeiten diese mit dafür eigen konstruierten BMS Systemen.

Die folgenden Ausführungen beziehen sich explizit auf den Rundzellenblock von Liontron!

Zuerst sollte man die Einstellungen des BMS kontrollieren, Sie finden diese in dem Kapitel „JBD Smart BMS“. Wichtig ist: die Temperaturkompensation muss abgeschaltet sein, „Balancing ein“ muss eingeschaltet sein und der Balancing Mode muss auf „Charge Balancing“ und nicht auf „Static“ stehen.

Die Analyse zeigt meist das gleiche Ergebnis: Eine Zelle, bzw. ein Strang läuft über die Ladungsgrenze, aber die anderen Zellen sind noch nicht so weit. Der OVP der Zelle der Zelle tritt bereits bei 13,9V ein. Der kleine Top Level Balancer hat keine Zeit zur Zellbalancierung, denn die nächste Ladephase kommt schon. Die Spannung am gesamten Block liegt aber z.B. bei 14,8V.

Am Besten wäre, sie bauen die Batterie aus und gehen nach dem Schema „Erstladung“ mit einem externen Ladegerät vor.

Aber in vielen Einbausituationen ist das schwierig und nicht jeder hat ein separates Ladegerät.

Aber es geht auch ohne Ausbau. Ein kleiner Test am Anfang: Trennen Sie Ihren Akku von allen Verbrauchern und ggf. der Solaranlage. Laden Sie Ihren Akku über mindestens 24h mit 14,2 bis 14,4V. Die 14,4V über 24h erreichen Sie mit ihrem Bordladegerät indem Sie dieses auf die AGM Ladung einstellen und nach 4h Bulkladung kurz abschalten und wieder einschalten. Sie umgehen damit das Absinken der Spannung in der Absorptionsphase und haben beim Restart wieder die 14,4V Hauptladung. Der Victron SR eignet sich mit seinen einstellbaren Parametern dafür sehr gut, aber die höheren Parameter müssen nach der „Verwendung als Ladegerät“ wieder zurück gesetzt werden!

Nach 24h Ladung lassen Sie die Batterie nochmals 12h ruhen und entladen Sie dann auf ca. 11,2V. Für die kontrollierte Entladung schalten Sie am Besten drei x 55W Kfz Leuchtmittel parallel, sie haben damit einen Entladestrom von 13,75A. Ist der Akku defekt, erreicht er die 11,2V nicht sondern schaltet vorher mit UVP ab.
Laden Sie dann wieder mit 14,4 Volt. Die Wiederaufladung-Differenzspannung zwischen den Zellen sollte unter 70 mV sein. Die Batterie wird in der Ruhezeit vom BMS ausbalanciert. Entladen Sie dann wieder auf 13,4 Volt und laden Sie sofort wieder auf 14,4 Volt. Kommt jetzt ein OVP ist die Batterie ein Garantiefall!
Ist die Differenz bei 14,4V im Bereich der 50-70 mV ist das tolerierbar.

Abhängigkeiten zu der vorhandenen Elektrik

Die elektrotechnische Abstimmung wie Relaisbelastung, Kabelquerschnitt und Tiefentladungsschutz UVP ist bei den „einbaufertigen" Systemen eine wichtige Frage und sollte **vor dem Tausch** geklärt werden. Eine Bleibatterie mit 90Ah lässt Ströme um die 50A fließen, bei einer 200Ah Li-Batterie sind als Dauerlast schon 200 A möglich!
Viele Ladegeräte (CTEC, CBE 516/3, Dometic MCA 1225) und manche Solarregler (Votronic, Büttner) führen für Bleibatterien in regelmäßigen Abständen eine Recond/Ausgleichsladung durch. In dieser wird die Ladespannung für 1-2h auf ca. 15,5V angehoben. Es war mir bisher nicht möglich zu erfahren, ob diese Phase bei einer Li-Einstellung unterdrückt wird. Diese Spannungsanhebung kann zu einer OVP Abschaltung führen!

Ein weiterer wichtiger Punkt bei allen LFP Aufbaubatterien ist die Beachtung des Rückflussstroms von der Li-Batterie über eine, meist bei der Startbatterie installierte, 40A Batteriesicherung und das Trennrelais in die eventuell nur halbvolle Blei-Starterbatterie! Dieser kann kurzzeitig bei über 50-70A liegen, was dazu führen kann, dass die Batterieabsicherung oder die Schaltkontakte des Trennrelais verschmoren bzw. durchbrennen.
Der Vorteil einer Lithiumbatterie wie konstante Batteriespannung bis zum Tiefentladepunkt zeigt sich leider aber auch als Nachteil, da viele Laderegler (230V / Solar) durch die geringe Spannungsdifferenz bei kleinen Entladeströmen keine Umschaltschwelle aus der

Erhaltungsladung zurück in die I-Ladephase finden. Da die Spannung lange stabil bleibt, merkt der Laderegler eventuell nicht, dass er wieder auf Vollladung umschalten muss und das BMS schaltet mit UVP ab.
Wer häufig Urlaub im Winter oder in kälteren Gefilden macht und seine Li-Batterie nicht im beheizbaren Wohnraum einbaut, sollte auch über die Kälteempfindlichkeit der Li-Technologie Bescheid wissen.

Abhängigkeiten zu der vorhandenen Elektrik

Die elektrotechnische Abstimmung wie Relaisbelastung, Kabelquerschnitt und Tiefentladungsschutz UVP ist bei den „einbaufertigen" Systemen eine wichtige Frage und sollte **vor dem Tausch** geklärt werden. Eine Bleibatterie mit 90Ah lässt Ströme um die 50A fließen, bei einer 200Ah Li-Batterie sind als Dauerlast schon 200 A möglich!

Ein weiterer wichtiger Punkt bei allen LFP Aufbaubatterien ist die Beachtung des Rückflussstroms von der Li-Batterie über eine, meist bei der Startbatterie installierte, 40A Batteriesicherung und das Trennrelais in die eventuell nur halbvolle Blei-Starterbatterie! Dieser kann kurzzeitig bei über 50-70A liegen, was dazu führen kann, dass die Batterieabsicherung oder die Schaltkontakte des Trennrelais verschmoren bzw. durchbrennen.
Der Vorteil einer Lithiumbatterie wie konstante Batteriespannung bis zum Tiefentladepunkt zeigt sich leider aber auch als Nachteil, da viele Laderegler (230V / Solar) durch die geringe Spannungsdifferenz bei kleinen Entladeströmen keine Umschaltschwelle aus der
Erhaltungsladung zurück in die I-Ladephase finden. Da die Spannung lange stabil bleibt, merkt der Laderegler eventuell nicht, dass er wieder auf Vollladung umschalten muss und das BMS schaltet mit UVP ab.
Wer häufig Urlaub im Winter oder in kälteren Gefilden macht und seine Li-Batterie nicht im beheizbaren Wohnraum einbaut, sollte auch über die Kälteempfindlichkeit der Li-Technologie Bescheid wissen.

Mit der Aufrüstung involvierte Geräte

Natürlich steht die neue Lithiumbatterie nicht alleine und isoliert im Wohnmobil. Sie muss dort auch geladen werden und man möchte natürlich auch wissen, ob sie das ist. Dazu werden u.a. 230V Lader, Ladebooster, Solar und Batteriecomputer eingesetzt.
Man muss diese Geräte nicht auswechseln, die alte, auf Blei eingestellte, Umgebung funktioniert auch mit der Lithiumbatterie. Aber man sollte die eingestellten Parameter überprüfen! Allerdings sind diese von Hersteller zu Hersteller in der Zeitdauer der einzelnen Ladephasen schon sehr unterschiedlich. Diese Aussage gilt für alle Ladegeräte, egal ob EBL oder Solar.

Lichtmaschine

Seit 2013 wird zur Treibstoffeinsparung und Emissionsreduktion (E6) verstärkt ein „intelligentes Generator bzw. Batteriemanagement“ eingesetzt. Die Batterie wird im Normalbetrieb auf ca. 60% SoC geladen damit noch Platz bleibt für die Rekuperationsenergie. Dabei pendelt die Ladung immer zwischen 60 und 95% SoC. Sind hier beide Batterien direkt verbunden entlädt sich die Aufbaubatterie in die Startbatterie, die aber erst im bzw. mit Schubbetrieb wieder geladen wird.
Die eingesetzten Lichtmaschinen haben heute meist einen Nennstrom von ca. 180A und könnten mit ca. 14,1V damit auch lässig bis zu 60A für die Ladung der Aufbaubatterie abzweigen. Aber das „intelligente Generatormanagement“ begrenzt die Lichtmaschinenleistung. Um wieder eine vernünftige Ladeleistung für die Aufbaubatterie zu kommen gibt es zwei Wege:

- Einen zusätzlichen Ladebooster, oder
- eine Änderung in der Motorsteuerung per Diagnosegerät.

Bei einer intelligenten Generatorregelung muss der „Ladebooster" so angeschlossen sein, dass der chassiseigene Batteriemonitor die Stromentnahme mitzählt und der Motorsteuerung mitteilt. Falls die Starterbatterie direkt angezapft wird, wundert sich der Bodycomputer warum die Starterbatterie sich (scheinbar) von selbst entlädt und meldet möglicherweise einen Batteriedefekt.

Beim **Ford Transit/Nuget** ab Bj. 2016 kann man die Spannung der Lichtmaschine (in Verbindung mit der Motorsteuerung und einem Batteriesensor) zur Batterieladung in verschiedene Modi einstellen (siehe Ford BEMM):

- SRC Steuerung (smart regenerative Charging): intelligentes Regenerativladen, 12,2- 14,9 V, nicht bei Wohnmobilen oder Tiefrahmenchassis!
- CC Steuerung (Common Charge, WU): höhere Startladespannung, 13,5 – 14,9 V, bzw.
- HLM Mode (Hochleistungsmodus): konstant 14,7V, intelligente Generatorsteuerung und Start/Stop wird desaktiviert, kein Dauerbetrieb, Schalter, ab ca. Bj. 2019).
- Mit einem Diagnosetool (Forescan) kann man auch einen „Dual Battery Mode (Target State of Charge) einstellen.

Auch bei **Fiat** wird ab 2020 eine intelligente Generatorregelung eingesetzt. Bei den "Sevel Produktionen“ von **Fiat**, **Citroen, Peugeot** ab 140 PS ist dies schon ab 09/2019 der Fall. Auch bei Fiat und **Iveco Daily EU6** kann das ESM (Energie Smart Management) mit dem Diagnosegerät / Servicetool angeblich desaktiviert werden. Steht die variable Generatorspannung auf *"Ohne" ist ESM (Energy Smart Management) abgeschaltet und die Ladestrategie lädt die Fahrzeugbatterie, wie Aufbaubatterie mit fester Ladespannung auf.*"
Beim **Renault Master** kann man die „intelligente Generator-steuerung“ per Parameter (variable Generatorspannung) in einen „Off-Modus“ versetzen.
Aber Achtung: Durch diese Eingriffe in das Motormanagement erlischt ggf. die Gewährleistung und die Betriebserlaubnis, da dadurch der Spritverbrauch und damit auch der Emissionswert steigen.

Batteriecomputer:
Egal welchen externen Typ man einsetzt, auch hier muss zumindest der Parameter Batteriekapazität geändert werden. Danach sollte die neue Li Batterie einmal richtig geleert und neu auf 100% geladen werden. Damit kann sich der BC auf die neue Batterie synchronisieren. Bei einem Hybridsystem ist das Ergebnis allerdings recht ungenau.

Display bzw. Control Panel:
Falls man dort eine Batteriekapazität eingeben kann sollte diese geändert werden. Restlaufzeiten, die ggf. über das Controlpanel errechnet werden sind aber generell sehr ungenau.
Die Spannungsanzeige im Display, egal ob LED Balken oder voll/mittel/leer kann man vergessen. Die alten Zeigerinstrumente zeigen aber die höhere Spannung korrekt an, die Zuordnung zu grün/orange/rot oder 3 zu 5 Balgen bzw. 70% / 100% ist aber nicht mehr korrekt.
Im Zusammenspiel mit einer UVP Überwachung im Controlpanel kann selbst ein kurzfristige Li-Schutzabschaltung dort zu einer UVP Erkennung und EBL Abschaltung führen. Manche CPs lassen sich leider nur mit einem 2-Key Push wieder rücksetzen den die wenigsten Wohnmobilfahrer kennen.

EFOY Brennstoffzelle
Bei dieser muss man nichts beachten. Vielleicht ist es sinnvoll das Betriebsfenster auf 14V zu erhöhen, aber das muss nicht sein. Aber auch hier kann der BMS Batterieschutz Folgen haben. Die EFOY benötigt Batteriespannung zum Anlaufen, Stand By und zum Frostschutz! Überwintert die BZ zusammen mit einer Li-Batterie muss man den Frostschutz der Li-Batterie abschalten bzw. auf eine LiFe**Y**PO4 Technologie wechseln.

230V Lader, EBL:
Hier sollte man die Ladeparameter Blei nass, AGM1 oder, falls schon vorhanden, Li wählen. Eine Gel-Einstellung ist wegen der langen Nachladephase nicht zu empfehlen.
Der in den meisten Ladern hinterlegte „Batterie low“ Alarm ab ca. 10,5V abwärts ist für Li Batterien zu niedrig, leider lässt sich diese Alarmschwelle vom Benutzer nicht ändern.
Manche CBE Geräte (z.B. DS516-3) haben während der Ladung eine „Desulfationsphase“, bzw. eine „Zellausgleichsladung“. In dieser wird, bei einem Strom von ca. 2A, die Ladespannung für 1-2h auf ca. 15,5V angehoben. Es war mir bisher nicht möglich zu erfahren, ob diese Phase bei einer Li-Einstellung unterdrückt wird. Diese Spannungsanhebung könnte zu einer OVP Abschaltung führen!

Ladebooster:
Man sollte unbedingt darauf achten, den Booster mit dem Chassissignal D+12V oder D+ aktiv Ground zu steuern. Auch Zünd+ oder ACC ist noch annehmbar. Falls man an diese Signale nicht heran kommt hilft der D+ Simulator Pro von Votronic. Er mischt aus Zünd+ und den Motorvibrationen ein D+ Signal das am ehesten einem Engine Run Signal entspricht.
Auch hier stellt man am besten auf die Ladeparameter Blei nass, AGM1 oder, falls schon vorhanden, Li. Das Abschalten des Boosters während der Fahrt ist meiner Meinung nach absolut kontraproduktiv!
Bei einer Steuerung über ein spannungsgesteuertes D+ (geräteinternes D+) und einem „intelligenten Generatormanagement", ist eine direkte Solar Einspeisung kritisch zu betrachten. Das gilt auch für alle EBL/EVS (CBE, Nordelettronica, ArSilicii, etc) deren Trennrelais nach Landstromanschluss erst wieder öffnet wenn die Spannung der Aufbaubatterie weniger als 13,2V beträgt, denn das kommt bei einer Li Batterie kaum vor!
Achtung: Das Trenn- Koppelrelais in den EBLs muss unbedingt desaktiviert werden. Bei den spannungsgesteuerten EBLs von CBE und Nordelettronica in Verbindung mit einer „intelligenten Generatorsteuerung" kann ansonsten während der Fahrt eine Entladung der Aufbaubatterie erfolgen (siehe Lichtmaschine).
Achtung: Manche Booster wie z.B. einige Tripple Lader, führen keine Li-Ladekurve durch wenn der Temperaturfühler nicht installiert ist!
Also BA lesen!

Solarregler:
Auch hier sollte man die Ladeparameter Blei nass, AGM1 oder, falls schon vorhanden, Li wählen. Bei manchen Ladegeräten ist ein Temperatursensor eingebaut oder ansteckbar. Bei Bleiladekennlinien wird damit bei tiefen Temperaturen die Ladespannung erhöht, das ist für LiFe nicht gewünscht!
Bei einer „nur Li Batt Konfig. kann man bei manchen Solarreglern die beiden Spannungen Absorbtion- und Erhaltungsspannung auf 14,2 Volt einstellen. Der SR arbeitet dann wie ein Netzteil.
Manche Lithium Ladeprogramme senken bei angestecktem Temperatursensor bei tiefen Temperaturen den Strom und die Spannung - BA beachten!

Achtung: Da manche BMS bei Überlast oder Kälte die Li Batterie abschalten ist auch die Batteriespannung für den Solarregler nicht mehrmessbar. Solarregler mit automatischer 12/24V Batteriesystem-erkennung schalten beim Wiederaufschalten der Batterie auf 24V System und laden nicht mehr. Lesen Sie bitte die BA des Herstellers.

Stand By Charger

Normale Stand By Charger, auch die „ideale Diode, sind nicht für den Betrieb mit Lithiumbatterien ausgelegt. Die Schaltschwelle „zuschalten /trennen" bei voller/leerer Aufbau- /Startbatterie ist zu unterschiedlich. Votronic sagt dazu:

Der Zusatzlader ist eigentlich für zwei Bleiakkus konstruiert und schaltet dann zu, wenn der Geberakku (Aufbau!), weil er gerade geladen wird, eine höhere Spannung als der Starterakku hat. Dann wird ein Teil der Ladung an den Starterakku abgegeben. Bei Li ist auch ohne Ladung das Spannungsgefälle gegeben, daher bleibt der Zusatzlader ständig an und wäre unter Umständen in der Lage, den Li-Akku völlig leer zu saugen. Dieser "Zustand" könnte aber nur bei längerem Stillstand ohne Nachladung schlagend werden. Sicherheitshalber sollte man daher den Zusatzlader abschaltbar machen oder bei längerer Nichtnutzung den Li-Akku abschalten.

Wer von einer Lithiumbatterie aus eine Blei Startbatterie zur Erhaltungsladung zuschalten möchte muss in den Techn. Daten schauen ob der Lader für Li Batterien geeignet ist.

Wechselrichter:

Er ist eigentlich nur ein Verbraucher wie eine Hubstützenanlage oder eine Klimaanlage und alle drei haben einen Punkt gemeinsam: Eine kurze aber hohe Einschaltstromspitze. So manches „smart BMS" erkennt dies als Kurzschluss und schaltet ab.

Hier hilft nur eines, den WR tauschen oder eine Hybridanlage mit einer Bleibatterie aufbauen!. Mit der App die Li Batterieparameter ändern ist in meinen Augen die schlechteste Lösung.

Wesentlich mehr und tiefer gehende Informationen zu diesen Geräten, zu den Tücken einer „intelligenten Generatorregelung" oder zum Einbau eines Ladebooster finden Sie in meinen Büchern „Do it yourself" und „Strom & Spannung im Wohnmobil".

Schlusswort und Ausblick

Ihre neue Lithiumbatterie ist eingebaut, Kompressorkühlschrank, Nespressomaschine und die Induktionskochplatte werden jetzt ausreichend versorgt, und die neue Batterie wird hoffentlich immer gut gefüllt. Lithiumbatterien sind damit in der Gegenwart der Wohnmobilwelt angekommen, aber wie geht es weiter?

Hier ein kleiner Ausblick in die Zukunft:
Mischt man dem Graphit des Minuspols **Silizium** bei, erhöht sich die Speicherfähigkeit um 30-40%, auch die Ladezeit wird verkürzt. Die Fa. Varta beginnt gerade mit dieser Mischung zu fertigen.

Die **Lithium Air** oder auch **Lithium-Luft Batterie** ist seit 2019 in der Laborforschung. Die Zellenspannung beträgt 2.96V, die theoretische Energiedichte liegt bei 11.000 Wh/kg. Sie liegt damit im Bereich von Dieselkraftstoff!
Sie fällt allerdings nicht in die Gruppe der Ionen Batterien, denn der Ladungsträgeraustausch erfolgt über Elektronen. Bei der Ladung wird Sauerstoff reduziert, bei der Entladung wieder aufgenommen. Die Elektroden bestehen aus Lithiummetall und Kohlenstoff. Aber bis zur Fertigungsreife sind noch einige, handfeste Probleme zu lösen
Literatur dazu: Wikipedia, nanowerk, battery-2020

Eine **Eisen-Luft Batterie** ist eine ähnliche Batterie, nur in anderer Zusammensetzung. Von der chem Funktion könnte man sie als eine Eisen- Rost Batterie bezeichnen, nur dass man das Rosten auch umkehren kann. Die Batterie ist wesentlich günstiger in der Herstellung. Sie ist aber kein Ersatz für eine Lithiumbatterie sondern eher eine Backup Technik für Stromnetze.
Echte Leistungsdaten stehen aber noch nicht zur Verfügung.

Eine weitere neue Batterieart sind **Natrium-Ionen Batterien**, die ersten sind seit 2021 von CATL auf den Markt gebracht. Sie kommen ohne die Mangelelemente Lithium, Kobalt und Kupfer aus. Die Zellen können bei einer Ladezeit von rund 15 Minuten eine Energiedichte von ca. 150 Wh/kg erreichen und sind weniger kälte- und hitzeempfindlich als die Lithium-Ionen Akkus. Die Zellspannung liegt dabei bei 2,9V und die Zyklenzahl liegt bei ca. 1.000 Zyklen bei 100%

DoD. Der Preis liegt bei 85€ pro kWh anstatt 125€ wie bei einer LFP zelle. Ein Forschungsauto von MB, der EQXX, soll lt. MB auf der CES mit einer Natriumbatterie bereits eine Reichweite von 784 km besitzen.
Literatur dazu: Spiegel online Mobilität, 1/2022 und elektroniknet.de, Batterie-2020, golem.de, MIT Technologie Review 1/2024

Gerade wurde eine **Sauerstoff-Ionen-Batterie** zum Patent angemeldet. Sie arbeitet mit Sauerstoff, Lathan und Keramik. Die Speicherdichte ist allerdings nur ein Drittel einer Li Ionen Batterie.
Quelle: Sience ORF.at

Weitere Forschungen zum Thema Lithium Batterie sind die **Virus-Lithium Batterien**. Ja, sie haben richtig gelesen. Man arbeitet an gentechnisch veränderten Viren, die eine Batteriestruktur aufbauen können. Die Viren bauen für eine Lithium Batterie ein Nanogeflecht aus Eisenphosphat, Mangan- oder Kobaltoxidröhrchen auf, welches dann als Kathodenmaterial dient.
Die Viren dienen nicht der Energiespeicherung, sie sind nur die Bauarbeiter. Durch diese Technologie wird gegenüber einer herkömmlich aufgebauten Batterie Gewicht und Platz eingespart.
Bisher gibt es diese Viren-Akkus aber nur als Knopfzellen im Labor, es dauert also noch bis Sie ihren 200 Ah Lithiumakku im Handschuhkasten verstauen können.
Literatur dazu: battery-news, nature communications, spectrum.de

Im August 2023 präsentierte CATL die „**Senxing Superfast Charging Battery**" auf Basis von LFP Zellen. Sie ermöglicht Laderaten von 4C.
Quelle: MIT Technologie Review 1/2024

In der Forschung von VW und Quantumscape wird eine **Feststoffzelle** für den Kfz Einsatz entwickelt. Diese Feststoffzelle ist eine Mischung aus einer prismatischen Zelle und einer Pouch Zelle mit einem festen Elektrolyt. Sie hat nach 1.000 Ladezyklen noch eine Kapazität von 95%.. Toyota hat eine ähnliche Zelle in der Forschung und spricht von 1.100 Ladezyklen bei einer Ladezeit n 10 Minuten. Auch CATL arbeitet an einer Festkörperzelle mit einer Leistungsdichte von 500 Wh/kg.
Quelle: Golem.de, 4.1.2024

Schneller laden, länger leben ist das Ziel der Pennsilvania State University zusammen mit dem Start up EC Power. Lithium Akkus für Kfz Anwendung werden bei einer Schnellladung sehr warm.
Dadurch setzt sich, ähnlich dem Plating, metallisches Lithium ab was die Zellen schädigt. Dies lässt sich vermeiden wenn die Zellen schon vor der Ladung kontrolliert aufgewärmt werden. Hier werden bisher externe Kühl- und Heizsysteme eingesetzt, die allerdings schwer, platzraubend, energiehungrig und träge sind. Stattdessen wurden ultradünne Heizfolien aus Nickel direkt in die Zellen eingebaut.
Damit konnte eine Li Ionen Batterie in 12 Minuten auf 75% SoC aufgeladen werden. 900 Zyklen überstand der Akku mit dieser „Druckbetankung“ was einer Fahrleistung von ca. 800 000 km entspräche. EC Power will dieses Verfahren kommerzialisieren.
Quelle: Heise.de/s/xrKe

Mehrminütige Ladepausen bei Hochstromladung zu bestimmten Zeitpunkten sollen das Lithium Plating verhindern. Daran forscht ein Team der Queen Mary Universität London.
Quelle: MIT Technologie Review 8/2023 & heise.de/s/1ldm

Und da es sich hier um das Thema „Batterien der Zukunft“ handelt noch ein interessanter Ansatz. Die Geschwister Julia und Alexander T. haben für Jugend forscht 2023 eine Batterie auf der Basis „mit Hefe und Tinte zu Strom aus Zucker“ entwickelt und zum Patent angemeldet.
Quelle: Landsberger Tagblatt, 23.3.2023

Und ganz zum Schluss:
Dieses Buch ist in der aktuellen 2. Auflage auf dem Stand von Januar 2024. Damit dies auch so bleibt, pflege ich weiterhin Korrekturen und Änderungen ein, damit auch die kommenden Entwicklungen berücksichtigt werden.

Wichtige Dinge, die man beachten bzw. wissen sollte:

Werden Blei Batterien gegen Lithium Batteriepacks ausgetauscht, muss man ggf. auch die eingestellten Alarmwerte und Abschaltreaktionen der verschiedenen Ladegeräte, EBLs, Controlpanels, Heizungs- und Kühlschranksteuerungen und Batteriecomputer beachten und ggf. ändern.

Für den Batterieeinbau gilt:
Alle Batterien müssen crashsicher (20g/8g Bestimmung) befestigt werden.
Für Batterieanlagen im Kfz gelten die DIN EN IEC 62281 VDE 0509-6:2020-08 sowie die DIN EN IEC 62485-2 VDE 0510-485-2:2019-04.

Kabelquerschnitt, Belastbarkeit und Absicherung

Querschnitt (qmm)	1,0	1,5	2,5	4,0	6,0	10	16	25	35	50	70	95	120
Belastbarkeit (A)	11	15	20	25	33	45	61	83	103	132	165	197	235
Absicherung (A)	6	10	16	20	25	35	50	63	80	100	125	160	200

Der Adernquerschnitt (mm^2) ist nicht gleich dem Aderndurchmesser (mm)! Ein Aderndurchmesser von 2,8 mm entspricht einem Adernquerschnitt von 6 mm^2.
Die Berechnungsformel für den Kabelwiderstand bzw. Spannungsabfall lautet:
Spez. Widerstand Cu 0,018 x Länge hin/zurück 3m / Kabel Ø16mm^2 = 0,0034 Ohm.

Anhang 1, Abkürzungen, Glossar, Erläuterungen

A **A**mpere, fließender Strom (I), pro Sekunde, 1A x 1sek = 1C
Ah **A**mpere pro Stunde, (=I x h)gespeicherter Batteriestrom,
AC **Al**ternate **C**urrent, Wechselstrom
AC Messung Messmethode 1 kHz induktiver & kapazitiver Widerstand
ADC **A**nalog **D**igital **C**onverter, Analog/Digital Wandler
AES **A**utomatik **E**nergie **S**elektor, Betriebsartwahl des Kühlschrankes, **auch EES, MES, MEC** oder **SES,**
AGM1 Blei/**Vlies**-Batterie, Ladeschlussspannung 14,3V
AGM2 Blei/**Vlies**-Batterie, Ladeschlussspannung 14,7V
Atom neutral geladene Bausteine auf denen alle festen, flüssigen oder gasförmigen Stoffe aufgebaut sind.
Aufbau Batt. die den Auf/Ausbau eines Wohn/Reisemobils versorgt
B2B Ladebooster „**B**atterie **to** **B**atterie“
Balancer Gleicht bei Li Batterien unterschiedliche Zellladungen aus
BC **B**atterie**c**omputer, Mess- und Anzeigeeinheit für A, Ah, V
BCB **B**atterie **C**ontrol **B**ooster, verstärkt Ladung von LiMa/EBL
BA **B**e**d**ienungs**a**nleitung,
CE Zeichen Kennzeichen für Konformitätserklärung zu EU Normen
Bluetooth **BT**, Funkübertragung auf kurze Distanz im ISM Band
BMS **B**atterie-**M**anagement-**S**ystem, hierunter ist die Gesamtheit ALLER Maßnahmen zu verstehen, die man zum "Managen" der Batterie in einem System hat, also ein extrem unscharfer Begriff.
Bord Batt. unscharfer Begriff, für Chassis als auch für Aufbau benutzt
BCM, Body Cont. Modul Steuercomputer bei Fiat, Motorsteuerung
BSZ **B**renn**s**toff**z**elle, z.B. zur Batterieladung
Bypass eine Umgehung, Umleitung,
CAN-, CI-, CM-, LNI-, SDT-, TNI-, VBS2-Bus, digitales 2-Draht Bussysteme
Chassis Batt. Batterie, die nur das Chassis eines Wohnmobils versorgt.
CC/CV **C**onstant **C**urrent / **C**onstant **V**oltage Ladung, ≈ I/U-Ladung
CEE **C**ommission on the Rules of the **E**lectrical **E**quipment, Normung
CP **C**ontrol **P**anel, Bedienungseinheit für eingebaute Komponenten
D+/D+12V Zustandsignal für LiMa dreht, Steuersignal f. Generator-, Batteriekontrollleuchte und f Aufbau z.B. Trennrelais Batt/Kühli, Booster, Sat.
D-, D+ aktiv Ground, D+ wenn aktiv auf Masse, Zustandsignal für Motor dreht, Engine Run, Steuerleitung f. Generator-, Batterie Kontrollleuchte und f. Aufbau z.B. Trennrelais Batt/Kühli, Booster, Sat
DC **D**irekt **C**urrent, Gleichstrom
DC Messung Messmethode für ohmschen Widerstand

DFM Auslastungssignal der Lichtmaschine zur Steuerung für die Motorsteuerung und das Batterielademanagement

DoD **D**epth **of** **D**ischarge, Entladungstiefe einer Batterie in Prozent

Drop in Li Komplettsysteme die man lt. Werbung 1:1 gegen einen Bleiakku tauschen kann

EBL, e-Block, **E**lektro**b**lock **L**ader, 12V Ladegerät+Verteiler+Sicherungen

ECM **E**ngine **C**ontrol **M**odul, Motorsteuerungscomputer Ford

Einschaltdauer Zeit, in der Geräte laufen, also Stunden pro Tag

Elektron negativ geladenes Teilchen in der Elektronenhülle eines Atoms und damit Ladungsträger in Metallen

EMK **E**lektro**m**otorische **K**raft, stromlos gemessene Quellenspannung einer Batterie

EMV **E**lektro**m**agnetische **V**erträglichkeit. Störunterdrückung bzw. Störfestigkeit gegenüber elektromagnetischer Ein- oder Abstrahlung

Energiedichte Zeichen w

EnWG Energiewirtschaftsgesetz

Erhaltungs- Schwebe- oder Floatladung Uo, Ladung mit geringerer Spannung zum Ausgleich einer Selbstentladung.

EVS **E**lektro **V**ersorgungs**s**ystem (Lader) ohne Verteiler, Sicherungen

FI/RCD **F**ehlerstrom (**I**) Schutzschalter, Personenschutz im 230V Netz.

FI/LS RCBO Kombinierter Fehlerstrom- und Laststromschutzschalter

Fliegende Sicherung Sicherung, die in eine Leitung eingefügt wurde.

Gel Blei/**Gel**-Batterie , Ladeschlussspannung 14,3V

Haupt- oder Bulkladung (I-Phase) Ladung mit vollem Strom auf ca. 80% SoC

Hub digitaler Netzknoten um Geräte mit einer Kontrolleinheit zu verbinden

I/U/Uo **Ladekennline**, voller Strom I, dann volle Spannung U, dann Erhaltungsspannung Uo.

Ic Kurzschlussstrom

Impedanz Scheinwiderstand bei kapazitiven (Batterien) oder /Induktiven Lasten (Induktionsherd)

Intelligentes Generatormanagement Eine Spar- und Auslastungsregelung der LiMa zur Batterieladung, auf nur 60% für Kraftstoff- Emissions-Ersparnis und Platz f. Rekuperationsladung.

Ionen negativ geladenes Teilchen in der Elektronenhülle eines Atoms und damit Ladungsträger in Flüssigkeiten oder Gasen.

Klemmenspannung Spannung an den Polen einer unbelasteten Batterie

Ladebooster verbessert/unterstützt die Ladeleistung d Lichtmaschine (BCB)

Lader 230V primär getaktetes Ladegeräte, Schaltnetzteil, ein 230V Ladegerät bei dem die Wechselspannung im Takt zerhackt wird und dann erst herunter transformiert wird.

Ladekennlinie von Batterieladegeräten, Steuerung von Strom, Spannung über eine Zeitachse,

LCR induktives, kapazitives, ohmsches Widerstandsmessgerät m. AC Messung

LS **L**ast**s**trom-**S**chutzschalter vor einem Gleich- Wechselspannungsnetz.

Li Lithium, Lithiumbatterie

MFR **M**ulti**f**unktions**r**egler Lichtmaschine, teil der Lichtmaschinenregelung

MPPT **M**aximum **P**ower **P**oint **T**racking, autom. Suche nach dem maximalen Leistungspunkt eines Solarpanels, Solarreglerfunktion.

Nass Batt Blei/Säure-Batterie mit Ladeschlussspannung von 14,1V

Nach- oder Absorptionladung U-Phase, Ladung mit Spannung leicht unterhalb der Gasungs- grenze von 80% auf 100% SoC

Nennleistung, die theoretische, maximale Dauerleistung, in einem bestimmungsgemäßen Betrieb **ohne Beeinträchtigung der Lebensdauer oder Sicherheit**. Bei Solarmodulen Leistung gemäß STC.

Nennspannung von Batterien. Hier ist die Nennspannung ein geeigneter, angenäherter Wert der Spannung (Terminologie nach DIN EN 60050-482).

NVS **N**etz**v**orrangs**s**chaltung, notwendig wenn Landstrom und WR Ausgang auf die gleiche 230V Verkabelung gehen. Bei 230V Landstrom wird der WR Ausgang abgeschaltet

OBD **O**n **B**ord **D**iagnose, Diagnosebuchse des Chassis

OVP **O**ver **V**oltage **P**rotection, Überspannungsschutz

Pb Blei, Bleibatterie, nass, Gel, AGM1, AGM1

Plug n´Play „Einstecken und läuft“, 1:1 Tausch, z.B. Li als Bleiersatz

Photovoltaik PV Stromgewinnung mittels Solar, Solaranlage

Potentialausgleich Ein gemeinsamer Punkt über den sich Fehler- Spannungen bzw. Ströme auf ein gemeinsames Potential Erde Masse oder 0 V, ausgleichen können.

PWM **P**uls **W**eiten **M**odulation**,** Pausenmodulierter Leistungssteller, eine Regelform für Gleichstrommotoren, Solarregler, Laderegler auch **PWR.**

Power Station Eine Kombination aus Lithiumbatterie, WR, 5&12V Spann- ungsquelle, aufladbar mit Solar- oder 230V Spannung.

Quellenspannung Spannung einer Batterie entsprechend ihrem SoC

RDS **TMC**, **R**adio **D**ata **S**ystem für Titeleinblendung etc., **T**raffic **M**essage **C**ontrol für Verkehrsfunkerkennung / Verarbeitung

Ruhezustände Stand-by oder Sleep, lässt ein Wake up zu, Ausgeschaltet: kein Wake up

Ruhestrom Strom, den ein Gerät im „Sleep Modus“ verbraucht.

Sensekabel Stromlose Messkabel zur Spannungsmessung direkt an den Batteriepolen.
Stand By beinhaltet Möglichkeiten die Einschaltzeitzeit zu verringern, Strom- und Zeitersparnis, Warm- und Kaltstart.
Scheinleistung Voltampere (VA), Wirkleistung + Blindleistung
Shunt Ein Widerstand, an dem bei Stromfluss eine Spannung abfällt, Messwertaufnehmer für Strom
SoC **S**tate **of** **C**harge, Ladezustand einer Batterie in Prozent
SoH **S**tate **of** **H**ealth, aktuelle Zustand der Zellen hinsichtlich ihrer Ladekapazität und Leistung
Spannungsquelle liefert gleiche Spannung bei wechselndem Strom
Stromquelle liefert gleichen Strom bei wechselnder Spannung
Start Batt. Batterie, die Chassis und Anlasser mit Strom versorgt
STC **St**andard **T**est **C**ondition, Beurteilungskriterien für Solarpanelleistung
SSR **S**olid **S**tate **R**elay, Halbleiterrelais
Step down Wandler DC/DC Wandler, Buck Converter, von höherer auf niedrigere Spannung
Step up Wandler DC/DC Wandler, B2B Booster, von niedriger auf höhere Spannung
USB **U**niversal **S**eriell **B**us, ser. Datenbus inkl. 5V Versorgung,
UVP **U**nder **V**oltage **P**rotection, Unterspannungsschutz, auch **L**VP (low)
VDE Ein Verband der Elektrotechniker, der Normen für das Elektrohandwerk und Industrie erstellt. Die Normen sind „technische Vorschriften“ und haben rechtlichen Charakter
V Volt, Spannung (U) einer Gleich- oder Wechselspannung
Veff Volt, Wechselspannung effektiv, z.B. 230 Veff = Netzspannung
Vss Volt, Wechselspannung von Spitze zu Spitze, 230Veff = 650 Vss
Vmpp Spannung (eines Solarpanels) bei maximalem Leistungspunkt
Voc Spannung bei offenem Ausgang
W **W**att, Einheit elektrische Leistung (=U x I), **kW** = **k**ilo**W**att = 1000 W
Wh Watt pro Zeiteinheit (I x U x h)
Wirkungsgrad in %, Verhältnis Eingangsleistung zu Ausgangsleistung
Wirkleistung Watt (W) ist gleich Scheinleistung – Blindleistung (Wandlungsverluste + cosphi)
WLAN **W**ireless **L**ocal **A**rea **N**etwork, Datenübertragung PC/Smartphone im 2,4, 5 und 1 GHz Bereich (ISM Band)
WR **W**echsel**r**ichter von 12V= auf 230V≈, auch DC/AC Wandler
Zünd+/ACC Betriebsstromversorgung vom Chassis zum Aufbau wenn Zündung eingeschaltet ist.

Anhang 2, Platz für eigene Notizen

In der Reihe „Rund ums Wohnmobil“ sind im Book on demand Verlag bisher erschienen:

Band 1
Erstauflage 2008

Andreas Weingand
Fahrzeugwahl, Miete, Kauf, Reisevorbereitungen und vieles mehr
4. Auflage

Band 2
Erstauflage 2014

Band 3
Erstauflage 2015

Band 4
Erstauflage 2016

Band 5
Erstauflage 2019

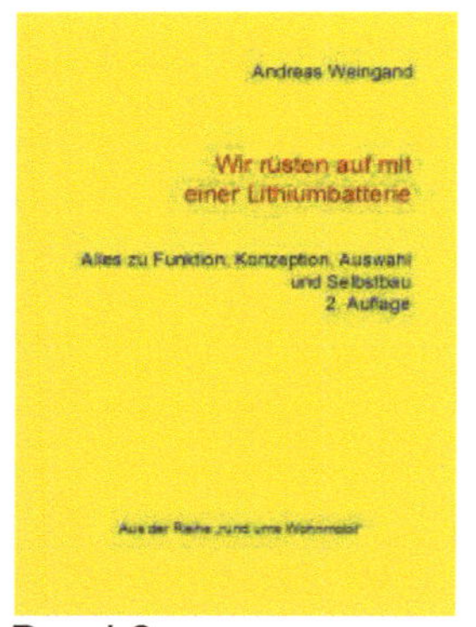

Band 6
Erstauflage 2022

Die akuellen Auflagen sind:

ABC rund ums Wohnmobil, **8**.Auflage,	ISBN 9783837037364
Fahrzeugwahl, Miete, Kauf, **4**.Auflage,	ISBN 9783735718365
Do it yourself rund ums Wohnmobil, **4**.Auflage	ISBN 9783734774195
Strom und Spannung im Wohnmobil, **4**.Auflage,	ISBN 9783837076899
Kastenwagen als Reisemobil, **3**.Auflage,	ISBN 9783735787101
Wir rüsten auf mit Lithiumbatterie, **2**.Auflage,	ISBN 9783755779803